超级动物英雄

[英] 卡米拉·德·拉·贝杜瓦耶
（Camilla de la Bedoyere）著

[英] 大卫·迪恩
（David Dean）绘

马百亮　译

上海科学技术出版社

目　录

引言

探索动物世界的奇妙，总能让我眼界大开，惊叹连连。我很高兴读到本书中令人难以置信的动物故事，一些是关于勇气与力量的，还有一些是关于智慧与友爱的，其中许多是我以前从未听说过的。试想，大猩猩与红毛猩猩竟能掌握手语，这是不是很神奇？又或者，一对查岛鸲鹟竟能担当起挽救整个物种的重任，怎能不叫人啧啧称奇？

尤为触动我的是，动物们不顾自身安危，挺身而出救助人类的事迹。我们对地球上的动物亏欠太多，但往往没有给予它们应有的尊重。如果我们不尽快做出改变，本书中提到的一些动物种类或将永远消失。

当下的年轻一代，见识更为广博，热情更为高涨。我深信，在读完本书后，你定会受到深深鼓舞，并激发起保护它们的行动意愿。幸运的是，推动积极变革的力量就掌握在你手中。虽说你可能只是单枪匹马，但正如你将在书中认识的"老蓝"——一只查岛鸲鹟那样，你完全有能力拯救一些濒危动物。

所以，请记住这些神奇的动物吧，从它们身上汲取动力和灵感，获取力量和勇气。也许有一天，你会发现自己的心里也有一位超级英雄。

杰西·弗伦奇

Jess French

序言

　　并非所有的英雄都是人类。英雄的形象千差万别，有的身披羽毛，有的覆盖鳞片，有的憨态可掬，有的尖牙利齿，它们或游弋于水中，或驰骋于大地，或跳跃于林间，或翱翔于天际。

　　本书精心收录了 19 个扣人心弦的动物故事，讲述了这些动物为了它们的人类伙伴、它们的家族乃至整个物种，所展现出的非凡壮举。从地震中勇敢营救主人的柴犬玛丽，到无畏守护家人免受偷猎者威胁的大猩猩迪吉特，再到力挽狂澜拯救种群免于灭绝的查岛鸲鹟老蓝，每一个故事都令人动容。

　　动物的隐秘生活往往令人着迷。许多人认为，动物比我们想象的要聪明得多。在这本书中，你不仅能阅读到这些真实感人的故事，还能领略到动物世界中最为有趣的生活片段。你可以了解到鲸鱼是如何团队合作的，狼群是如何相互交流的，动物是如何长途迁徙的，等等。

　　人类是这个奇妙星球上的生命形态之一。本书将拓宽你的视野，让你看到生活在我们身边的奇妙动物。

柴犬救主

2004 年 10 月 23 日上午，日本山古志村一只名叫玛丽的柴犬产下了三只小狗。然而，就在当天晚上，这个村庄发生了一场强烈的地震，几乎所有的建筑都被摧毁了，其中包括玛丽主人家的房子。

在地震造成的混乱中，新生的小狗和它们的妈妈失散了。由于眼睛还不能睁开，它们无法回到妈妈身边。玛丽不顾一切地挣脱了狗绳，把它们转移到了安全的地方。然后，它毫不犹豫地跑回受损的建筑中。

玛丽主人的爷爷生活在二楼。他年事已高，身体也不太好，在无人帮助的情况下上下楼梯很困难。地震发生时，一个衣柜倒了，把他压在了下面。就在他逐渐失去知觉时，玛丽出现在他的身边，用鼓励的目光看着他，舔了舔他的脸。这让他得以强打精神，维持意识。

玛丽的爪子被散落在地板上的玻璃和瓷器碎片割伤，鲜血直流。在此期间，它曾多次离开爷爷的房间，匆匆下楼去看看自己的宝宝，然后再回到爷爷的身边。每一趟往返都给它带来新的创伤，但是它还是一次又一次地返回。

玛丽让被困的爷爷燃起了希望，他用尽全身力气推衣柜，最后总算挣脱了。他缓慢地爬下楼梯，这个过程花了两个小时之久，玛丽一直在旁边鼓励他。他终于爬到了第一层，逃出了岌岌可危的房子。看到三只刚出生的小狗也安然无恙，他的心中充满了难以言喻的喜悦与感激。

在这场灾难中，玛丽不仅展现了伟大的母爱，更用实际行动诠释了忠诚与勇敢的真谛。

由于地震会突然发生，即使在今天，科学家依然无法准确地预测下一次地震发生的时间和地点。

那么为什么动物可以比人类更早知道地震呢？有一种说法认为，动物能比人类更早感受到地球的震动。另一种说法是，它们可以探测到空气中电磁波的变化，或者闻到从地壳缝隙里释放出来的气体。

据估计，世界上每年检测到的地震有 50 万次。其中，人类能感受到的有 10 万次，能够造成破坏的有 100 次。

动物能预测地震吗

在人类历史上，有证据表明动物会对地震做出快速反应。

· 在地震摧毁古希腊赫利斯城的前几天，老鼠、蛇和黄鼠狼就离开了这座城市。

· 在地震之前，人们看到过鲇鱼行为怪异，母鸡停止下蛋，蜜蜂慌慌张张地离开蜂巢。

· 2011 年，在美国华盛顿特区的一家动物园，有人看到猿猴都爬上了树，几分钟后，动物园的工作人员才注意到刚刚发生了地震。

2004 年 12 月 26 日，印度尼西亚苏门答腊岛北部发生地震，引发了毁灭性的海啸，造成数十万人死亡。然而，人们发现死于海啸的野生动物很少。科学家们认为，这些动物在海啸到来之前已经逃到了岛屿的内部。这是因为它们提前感知到地震了吗？

动物的本能和直觉

狗能觉察出人的痛苦。科学家们观察到，狗会走到哭泣的人身边舔舐他们，或用鼻子蹭他们。即使以前从未见过这个人，它也会这样做。它甚至会把主人撞到一边，去抚慰哭泣的陌生人。

小狗出生时非常无助，它们眼睛紧闭，就连耳朵也是封闭的，直到大约三周大的时候才会走路。狗妈妈会衔着幼崽脖子后面松弛的皮肤将其转移到安全的地方。

狗的嗅觉比人类灵敏得多。它们不仅能更容易地闻到东西，而且能更好地区分不同的气味。当玛丽和自己的幼崽分开时，它可以通过气味来找到它们。

狗已经和人类一起生活了至少 32 000 年。

在狗成为人类最好的朋友之前，它们是野狼，与早期人类争夺食物，对人类构成很大的威胁。渐渐地，人们开始驯服它们。以狩猎为生的人类开始用狗来帮助他们打猎。

救人一命的动物英雄

关于英勇的狗狗拯救生命的故事有许多，但以下这些动物不同寻常的行为肯定会让每个人都感到惊讶！

骆驼的倔强是出了名的。因此，当一头骆驼因社区服务表现杰出而被授予中士军衔时，不禁让人感到惊讶。这头名叫伯特的单峰驼，居住在美国加利福尼亚州，是治安部门的一员。

训练员南斯·菲特经常带着性情温和的伯特，在校园里向孩子们宣讲毒品的危害，或者去医院探望病患儿童。在一次露营活动中，伯特不愿留在帐篷外，于是南斯特许它与孩子们一起睡在帐篷内。次日清晨，南斯意识到附近有美洲狮出没，而伯特显然是想守护南斯与孩子们的安全。

2009年，一只鹦鹉因英勇救助两岁女童汉娜而成为英雄。汉娜居住在美国丹佛，日常由保姆照看。有一天，汉娜不慎被食物噎住，此时保姆恰好在浴室，鹦鹉威利拍翅高喊："妈妈，宝贝！"保姆闻声赶来，发现汉娜已面色发青，紧急采取措施让她吐出了喉中异物。威利的及时示警，挽救了汉娜的生命。

通常，人们不会期望一只兔子能救人一命，但比利时大种兔多莉却创造了这样的奇迹。多莉是英国人西蒙·斯特格尔的宠物，而西蒙患有糖尿病。

某日，西蒙下班归来，疲惫不堪地坐在他最喜欢的椅子上。多莉跳上他的腿，寻求拥抱。当一切归于平静时，西蒙的妻子维多利亚以为他们都已入睡。

突然，多莉开始捶打西蒙的胸膛，抓挠他的衬衫。维多利亚意识到，这是多莉在提醒她，西蒙已经陷入昏迷。西蒙因糖尿病发作而失去意识，若不及时救治，后果不堪设想。维多利亚迅速呼叫救护车，多亏多莉的警觉，西蒙得以迅速康复。

在加拿大安大略省，一个小男孩在随父母钓鱼时遭遇了不幸。他的父母在船上，而他留在岸边。目睹船只倾覆，父母溺亡，小男孩惊恐万分，试图独自走回镇上，却未能在天黑前赶到家。

小男孩躺在地上，十分恐惧，瑟瑟发抖。就在他即将入睡时，忽然感到身边有一个温暖的身体，当时他以为是一只友好的狗发现了自己。第二天清晨醒来时，他发现是三只野生河狸紧紧依偎在自己身旁。

在那个寒冷的夜晚，河狸用它们温暖的身躯，保护小男孩免受严寒侵袭，让他得以幸存。

懂手语的大猩猩

　　1971 年，一只西部低地大猩猩在美国旧金山动物园出生，它就是科科。这样的开端并不引人注目，但科科后来有了近 47 年的非凡生活。

　　佩妮·帕特森是一位年轻的心理学家，她希望发现大猩猩是否能够掌握手语——一种以手的动作为主，配以身体姿势、表情及口型进行交流的表达形式。她和科科开始了长期的共处，教会了这只年轻的大猩猩数百种手势。很快，科科就能把这些手势结合在一起，表达自己的需求和愿望，从请求食物到要求玩耍。它甚至"发明"了自己独特的"骂人"方式，当它对某人心生不满时，会称对方为"臭家伙"。它还自称"好动物"。

　　有人送给科科一只小猫作为宠物。科科给它起名叫"毛球"，很喜欢抱着这位毛茸茸的朋友。当毛球去世时，科科用手语表达了"哭泣""皱眉""悲伤""苦恼"等情绪。

　　科科的故事迅速吸引了世人的目光，人们惊叹于它的聪明才智，更惊讶地发现大猩猩与人类有着相似的内心世界。不少书籍讲述了这位"会说话的神奇大猩猩"的传奇故事，而一些影像资料则记录了众多访客（不乏名人）前来探望它的温馨瞬间。

　　如今，人猿语言实验很少进行，因为人们认为把它们和家人分开是不道德的。科科最大的贡献之一就是教会我们尊重这个物种的独特性，并让我们意识到大猩猩自然栖息地的重要性。在那里，它们可以过上丰富、自然且充满野性的生活，与亲人相依相伴，共享天伦之乐。

动物会交流吗

动物之间的交流从未停歇，只是我们常常无法理解它们的"语言"，因而对它们的对话内容一无所知。值得庆幸的是，我们正逐渐揭开动物间那些奇妙交流方式的面纱。

当几只野犬相遇时，一只野犬可能会翻过身来，肚皮朝上，这其实是它在用肢体语言与其他野犬进行沟通。通过展示柔软的腹部，这只野犬在告诉同类：自己清楚对方更加强大，不愿意和对方打架。宠物狗也会采用这种交流方式。

黑猩猩拥有与人类相似的丰富的面部表情。难过时，它们会噘起嘴巴；紧张时，则咧嘴示意；开心时，又会张大嘴巴，做出玩耍的姿态。

嗅觉是动物最简单的交流方式之一。动物会在树上摩擦身体，或在灌木丛上喷洒尿液，留下自己的体味，以此警告其他动物不要靠近。这些化学信息还能指引潜在的伴侣找到彼此。即便是蚂蚁这样的小动物，也会利用化学信息进行交流。

猫鼬在心情愉悦时会发出呼噜声，蚱蜢则通过啾啾声来寻找伴侣。土狼通过嚎叫，让狼群的其他成员知晓自己的位置。鬼脸天蛾非常狡猾，它们会模仿蜂王的叫声，以此欺骗蜜蜂，让蜜蜂误以为它们是友好的，从而趁机偷取蜂蜜。

蜜蜂回到蜂巢后，会跳起一种特别的摇摆舞，以此告诉其他蜜蜂哪里能找到最好的花朵。

边境牧羊犬通常被认为是一种特别聪明的狗，它们非常擅长听从指令，因此常被用作牧羊犬。一条名叫"追逐者"的边境牧羊犬聪明得简直令人难以置信，它能认出1022种玩具的名字，这意味着它掌握的人类词汇比其他任何动物都要多。

吼猴是世界上声音特别大的一种动物。黎明时分，它们的叫声能在几千米外的树梢上回响。对于不同的吼猴群体而言，这种叫声是告知邻居自己所在位置的有效方式，有助于它们保持距离，避免争夺相同的食物。

在会学人说话的动物中，亚历克斯是较为有名的一个，它是一只非洲灰鹦鹉。艾琳·佩珀伯格博士原本认为，由于鹦鹉是一种能模仿人类语言的鸟类，因此可以作为她研究语言的对象。然而，亚历克斯的表现让她大吃一惊。

亚历克斯证明了鹦鹉的智商极高。它学会了150多个单词的发音及其含义，甚至能理解较为复杂的词汇，如"不同""相同""较大"和"较小"。亚历克斯不仅用表示数字的单词数出多达6个物体，还能说出5种不同的形状和7种颜色。

与人类共处

　　人类是类人猿家族的成员，无论是在外貌上，还是在行为方式上，都与其他的类人猿有许多相似之处。正因如此，历史上曾有人尝试将猿猴融入人类生活之中，但这些尝试往往以失败告终。对于绝大多数野生动物而言，与同类相伴的生活无疑更加称心如意。

　　"公主"是一只雌性红毛猩猩，生活在婆罗洲野生动物保护区。通过观察并模仿人类，它学会了一些手语，甚至还学会了洗衣服。它最喜欢将洗衣服作为一种消遣，在衣服上搓出许多肥皂泡，然后把肥皂泡吃掉。

　　黑猩猩尼姆·奇姆斯基生于1973年，曾被选中参加一个研究黑猩猩交流方式的项目。尼姆被送到一个人类家庭中，被一对夫妻当作自己的孩子来抚养，甚至还穿上了幼儿的衣服。然而，尼姆表现得更像是一只黑猩猩，而不是一个人。

　　过了几年，尼姆成长为一只强壮的雄性猿猴，这个家庭再也无法继续承担养育它的重任。在辗转于多个灵长类动物研究中心之后，尼姆最终被送到了美国得克萨斯州的一处动物保护区。

出于诸多原因，失去双亲的野生猿类往往亟需援助。它们或因森林砍伐而流离失所，或因人类的伤害而陷入困境。它们中的一些会被当作宠物出售，但是当它们长得过大时，就会被无情遗弃。

为了帮助野生猿类回归自然，照顾它们的人必须像母亲一样细心呵护，同时还要教会它们如何成为猿类。这个过程被称为"复健"，其复杂程度不言而喻。

"红毛猩猩"的英文单词"orangutan"源自马来语，意思是"森林中的人"。

那些需要照顾的大猩猩幼崽，会与看护人员形成一对一的配对关系。看护人员会与它们一同在森林中寻觅食物，甚至与它们同眠共寝，犹如母亲与婴儿般亲密无间。

这些幼崽会尽快被转交给一个新的大猩猩家庭，以便由经验丰富的大猩猩母亲收养。随着时间的推移，它们将逐渐变得独立，开始在森林中度过更多时光，远离人类的干扰，直至能够自给自足，过上自由自在的生活。

歌手和流浪猫

　　有一天，詹姆斯·鲍文遇到了一只饥肠辘辘并且身上有伤的猫。虽然他连养活自己都成问题，还是不忍心弃之而去。这只橘猫的绿眼睛在黑暗中发出明亮的光芒，詹姆斯的心被融化了。

　　詹姆斯郁郁寡欢，已经辍学多年，这些年来一直在与吸毒、无家可归和精神疾病等问题做斗争。孩提时代，他就经历过父母离婚和不断搬家的艰辛。这使得他很难结交朋友，并导致他在学校遭受无休止的欺凌。在经历了一段艰难的岁月之后，他正努力使破碎的生活恢复正常。

　　当詹姆斯第一次遇到鲍勃这只即将改变他生活的橘猫时，他住在伦敦一家由慈善机构资助的收容所里。在来自社会的帮助下，他已经戒掉毒瘾，改过自新，靠在街上弹吉他和唱歌挣到的微薄收入勉强度日。但这个年轻人与家人失去了联系，忍受着长期的孤独和抑郁。鲍勃遇到詹姆斯的时机，对双方来说都很合适。

　　鲍勃瘦骨嶙峋，病恹恹的，腿上还有一个很大的伤口。虽然要花很多钱，詹姆斯还是带鲍勃去兽医那里接受治疗，并在其伤口愈合期间精心照顾它。几个星期后，鲍勃变得越来越健康，越来越强壮，所以詹姆斯准备和这位新朋友说再见。

　　詹姆斯不知道鲍勃是从哪里来的，但如果它是一只流浪猫，那么它很有可能希望回归户外生活。但詹姆斯错了，鲍勃成了他所希望的最好的朋友，以百倍的爱和关心来回报他。它一刻也不愿意离开詹姆斯，甚至有一天詹姆斯去上班的时候，它也跟着上了公交车。

鲍勃很快成为詹姆斯演出时的搭档，广受人们的欢迎。当詹姆斯走过伦敦的大街小巷时，它会坐在他的肩膀上；当詹姆斯唱歌时，它会坐在他的吉他盒里。鲍勃很受游客和当地人的欢迎——当它和詹姆斯在一起时，詹姆斯的收入增加了一倍还不止。更重要的是，詹姆斯知道鲍勃需要他，就像他需要鲍勃一样。人与猫之间这种牢固的情感纽带有助于他结交新朋友，并解决了他的心理健康问题。

　　由于生活在一个以电影制作人和故事讲述者而闻名的城市，鲍勃和詹姆斯很快就成为媒体和公众的热门话题。在一本名为《一只名叫鲍勃的流浪猫》的书中，詹姆斯分享了他和鲍勃的故事。2016年，这个故事被拍成了一部电影，鲍勃甚至在一些场景中亲自出镜。詹姆斯在书中写道："鲍勃是我最好的朋友，它指引我走向了一种不同的、更好的生活方式……每个人都值得拥有鲍勃这样的朋友。"

　　更多和鲍勃相关的畅销书紧随而至，詹姆斯利用自己的成功来支持慈善机构，以帮助无家可归的人和动物，尤其是那些流浪猫。鲍勃不幸于2020年去世，但詹姆斯永远不会忘记这位忠诚的猫朋友。

猫中英雄

汤姆是一只猫。在克里米亚战争（1853—1856年）期间，它与英国士兵生活在一起。当时，士兵们的食物严重短缺，但他们注意到汤姆似乎总是吃得很饱。于是，他们开始关注汤姆的行踪，结果发现了一个隐藏的粮仓，从而免于挨饿。

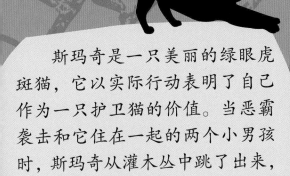

斯玛奇是一只美丽的绿眼虎斑猫，它以实际行动表明了自己作为一只护卫猫的价值。当恶霸袭击和它住在一起的两个小男孩时，斯玛奇从灌木丛中跳了出来，一边怒吼，一边扑向恶霸，把恶霸吓得拔腿就跑。

有人觉得，自家的猫咪仿佛能发现潜在的疾病。例如，安吉拉·廷宁的宠物猫米西总是抓挠她的胸部，这一异常的举动让安吉拉感到不解，她决定一探究竟。后经医生诊断，安吉拉竟患有早期癌症。科学家认为，猫咪可能发现了安吉拉胸部的异常，并非真能探测出癌症。

有一只名为"宝宝"的宠物猫，它在闻到家里的烟味后，没有直接逃跑，而是找到主人，提醒他们有危险。当它跳到主人夫妇的床上时，他们还睡得正香，根本没有意识到危险即将来临。

西蒙是一只受人喜爱的猫咪。20世纪40年代末，它生活在一艘名为"紫水晶"号的英国船上。有一天，这艘船不幸遭遇了袭击，西蒙也因此身受重伤。幸运的是，它顽强地生存了下来。之后，船上遭遇鼠患，西蒙凭借出色的捕鼠能力，成功地帮助水手们保住了口粮，它也因此获得了一枚奖章。

猫咪的秘密

猫是什么动物

猫属于猫科动物。它们有着强壮、灵活的身体，小而圆的脸，以及短短的口鼻。猫的视觉很敏锐，在昏暗的光线下也能看得很清楚。它们用锋利的爪子和牙齿捕杀猎物。

猫真的有九条命吗

其实，猫只有一条命，但它们非常善于摆脱困境，因此赢得了"超级幸存者"的美誉。它们最实用的技能之一是"调整"身体的能力。当从高处跌落时，猫可以迅速扭转柔软的脊柱，调整成四脚向下的姿势，利用脚掌肉垫缓冲减震，再用尾巴保持平衡，从而安全着陆。猫在三周大的时候，就开始学习如何掌握这项技能。

猫如何找到回家的路

每只猫都很熟悉自家周围的区域，善于利用环境参照物和嗅觉来标记和识别自己的领地。此外，它们也有很好的记忆力。一些宠物猫可以表现出惊人的能力，这让科学家也感到困惑。例如，有一只名叫霍莉的猫，在跟着主人到离家300多千米的地方度假时，不幸和主人走散了。两个月后，它竟然靠一己之力找到了回家的路。

好奇会害死猫吗

猫以好奇心强而著称，它们喜欢探索高处、黑暗的角落和狭窄的地方。猫会用敏感的胡须来测量洞穴的宽度，从而避免将自己置于无法脱身的境地。因此，猫会在确保自身安全的前提下满足自己的好奇心。

猫为什么会花大量时间舔舐

猫在醒着的时候，有一半时间在舔舐。它们不仅舔舐自己，还很乐意找机会舔舐其他宠物，甚至人类。猫可以通过舔舐找到伤口并进行清理，还可以清除跳蚤或其他寄生虫。此外，舔舐还能帮助猫在炎热的天气里保持凉爽，并带来愉悦感。

为什么猫会发出呼噜声

猫咪在心满意足时会发出呼噜声，但这并非它们发出呼噜声的唯一原因。例如，发出呼噜声有助于释放内啡肽，这是一种大脑产生的特殊化学物质，能够缓解疼痛。因此，一只打呼噜的猫咪可能正在承受伤痛或身体不适。一些科学家认为，呼噜声产生的振动可能有助于猫的伤口愈合。

猫要睡多久

所有的猫科动物都喜欢睡觉，宠物猫也不例外。刚出生的小猫几乎时刻都在睡觉。即使成年后，它们也会每天睡 18 小时左右。

为什么猫的舌头如此粗糙

猫的舌头很粗糙，上面布满了尖锐的倒刺。这不仅有助于它们刮掉猎物骨头上的肉，也可增加它们的单次饮水量，还有助于它们将唾液涂遍全身。可以说，猫咪的舌头兼具海绵和刷子的功能。

探索新领地的独狼

当年轻的狼 OR7 开始史诗般的旅程时，它不知道这次冒险会把它带向何方，也不知道这会让它名垂青史，它只知道是时候离开族群，寻找自己的生活之路了。

那是 2011 年 9 月，两岁大的 OR7 和它的族群一起生活在美国西北部俄勒冈州的野外。几个世纪以来，狼一直被人类大量捕杀。在北美洲的大部分地区，它们快灭绝了。生物学家正在研究这群狼，希望能够保护其中的幸存者。他们曾经给这群狼中的所有幼崽都安装了智能跟踪项圈，这样就可以从远处监视它们的行踪。OR7 之所以获得这个名字，是因为它是俄勒冈州第七只被套上项圈的幼崽。

为了寻找伴侣，在人类无法理解的本能的驱使下，OR7 整个冬天都在长途跋涉。它穿越了古老的熔岩流，翻越了高山，探索了林地，行程超过 1 900 千米，最终于 12 月底到达了加利福尼亚州，成为该州自 1924 年以来的第一只狼。其他狼也跟着来了，OR7 最终找到了一个伴侣，并建立了一个新的狼群。

OR7 的旅程激发了公众的想象力，在帮助其物种免于灭绝这件事情上，它的贡献比其他任何一个同类都要大。在自然保护主义者和野生动物爱好者的呼吁下，现在人们欢迎野狼回归部分故土。

豺狼在夜间捕猎。在凉爽的夜晚，它们可以连续跑上几小时，追寻猎物的踪迹。它们主要捕食小型哺乳动物和鸟类。豺狼有时成群猎食。它们分布在南欧、中东、非洲和亚洲部分地区。

大多数郊狼独来独往，但有时会形成小的捕猎群体。它们生活在中美洲和北美洲，既能适应哥斯达黎加热带森林的炎热，也能忍受阿拉斯加冬季的严寒。郊狼会从河里捞鱼，会爬上树去寻找食物，也吃自己发现的或从其他掠食者那里偷来的腐肉。

豺狼

郊狼

野犬家族

所有的野犬都是犬科动物。它们身材苗条，四肢修长，尾巴毛茸茸的。犬科动物是聪明的猎手，喜欢群居生活，可以很快地适应新环境。

狼

你知道吗？作为犬科动物的一员，家犬（包括宠物狗）是从野狼驯化而来的。

狼是体形最大的犬科动物。这些美丽的食肉动物曾经很常见，但现在它们主要分布在俄罗斯、北美洲和中国。大多数狼是灰色的，有黑色的斑点，但也有白色、棕色、黑色和沙色的狼。它们会联合起来，猎捕比自己大的动物。

非洲野犬

非洲野犬以大家庭为单位共同生活，彼此分担照顾幼崽的责任。在狩猎时，它们团结协作，凭借出色的狩猎技巧，能够成功捕获诸如角马和斑马之类的大型猎物。这些聪明的动物生活在广袤的非洲，目前却面临着严峻的生存危机，已濒临灭绝，野外现存的非洲野犬数量仅约 1 400 只。

澳洲野犬主要生活在澳大利亚，可能是家犬的后代。它们经常成群捕猎，通常被视为会攻击农场动物和传播疾病的有害动物。此外，它们还捕猎小袋鼠、兔子和鸟类。

狐狸

狐狸种类较多，共计23种，几乎遍布全世界。在陆生哺乳动物中，红狐的自然活动区域之广，或许仅次于人类。狐狸之所以能在生存竞争中脱颖而出，很大程度上得益于它们极不挑剔的饮食习惯，几乎任何能找到的食物都会成为它们的美餐。

耳廓狐是最小的野生犬科动物。它们生活在沙漠中，用巨大的耳朵来捕捉虫子发出的声音。脚掌上覆盖的柔软皮毛，可以防止它们在炙热沙地上行走时被烫伤。

野生犬类概况

大小：体长 24 ~ 150 厘米
生境：森林、草原、沙漠
分布：南极洲以外的其他大陆
种数：36

恐狼的体形和狼差不多，但牙齿要大得多。它们在大约 1 万年前就灭绝了。

重返故土

在人类的帮助下，许多动物正在重返故土，其中包括驼鹿、欧洲野牛、河狸、棕熊、秃鹫和金豺，以及伊比利亚猞猁——世界上最濒危的猫科动物之一。

阿拉伯大羚羊是沙漠中一道独特的景观。它们拥有白色的皮毛，宽大的蹄子可以帮助它们在流沙上行走。它们头上有两个锋利的长角，长度可超过 60 厘米，有人为了获得长角而不惜猎杀这些温和的动物。1972 年，最后一头野生阿拉伯大羚羊被射杀。幸运的是，阿拉伯大羚羊的圈养繁殖已经获得成功，它们得以回归野外。如今，大约有 1 200 头阿拉伯大羚羊自由自在地生活在阿拉伯半岛上。

同样，狼也重新回到了美国著名的黄石国家公园，现在那里栖息着大约 10 个狼群。

然而，并非所有的保护行动都能取得显著成效。红狼就是一个令人痛心的例子，它们在 1980 年就已经在野外灭绝。1987 年，一小群圈养的红狼被引入美国北卡罗来纳州东部，然而，它们不得不与已经生活在那里的郊狼争夺有限的猎物资源。时至今日，野外生存的红狼数量不足 20 只，它们的未来依然充满变数，科学家的保护工作依然任重道远。

世界上只剩下一种真正意义上的野马，即普氏野马。它们是以一位俄罗斯探险家的名字命名的，这位探险家在 19 世纪末首次在中国的草原上发现了它们。到了 20 世纪 60 年代，这种野马在野外已经灭绝，幸存下来的处于圈养状态。近年来，圈养的马群被重新放归野外，现在有成千上万的成年普氏野马自由地生活在草原上。

狼群首领

狼曾经是北半球分布最广的哺乳动物。作为聪明而敏捷的掠食者，它们的成功很大程度上归功于群体生活和协同狩猎的能力。

头狼夫妻

每一个狼群有一对头狼夫妻。它们终身相伴，整个狼群中只有它们可以生育狼崽。其他的狼为它们服务，甚至帮助雌性头狼抚养幼崽。

狼崽

雌性头狼一次最多能产下 14 只幼崽。新出生的狼崽看不见东西，也听不到声音。在刚生下后最初的几个星期里，它们待在母狼为它们准备的洞穴里。很快，狼崽们就能吃到狼群中其他成员提供的食物了，这些狼群成员甚至会先帮它们咀嚼食物，以便它们更好地消化。

合作捕猎

合作是狼群捕猎成功的关键。它们可以连续很多天跟踪驯鹿群，寻找其中较小或较弱的那一只。如果一群狼以团队的形式发起攻击，就可以捕获大型猎物——足以让整个狼群吃饱。年轻的狼也会加入捕猎队伍，但此时它们的主要任务是观察和学习。

沟通交流

家犬服从命令和解读主人情绪的能力是从它们的狼祖先那里遗传下来的。作为一个家庭，狼群的生存依赖于成员之间复杂的沟通。身体语言是"狼语"的重要组成部分，比如蹲下，或翻过身来并露出柔软的腹部。此外，狼还会通过嚎叫来告知同伴自己的位置，并警告来自邻近狼群的对手保持距离。

不幸的虎鲸

　　"惠子"是一头雄性虎鲸，它的名字在日语中的意思是"幸运的人"，但作为虎鲸的惠子却非常不幸。它出生于冰岛周围水域，那里十分寒冷，但是鱼类资源十分丰富。像其他齿鲸一样，虎鲸也是群居动物，有些年轻的雄性会终生跟随自己的母亲，但惠子没有这样的好运。

　　在惠子还很小的时候，它就被捕获并送到了一家水族馆，开始了圈养生活。1985 年，它在墨西哥的一家水族馆为公众表演。它所生活的水箱太小，水温也太高，这样的生存方式根本不适合这样一头聪明的动物。

　　命运的齿轮开始转动，因为它在电影《虎鲸闯天关》中扮演了一头从游乐园里逃回海洋的虎鲸。这部电影获得了极大的成功，当粉丝们在得知惠子仍被囚禁后，都感到很难过，于是他们筹集了资金，想要改善它的生活状况。一些科学家为它建造了一个更大的水箱，并准备将它放归海洋。

　　惠子被空运回了冰岛。到了 2002 年，惠子终于可以在它出生的海洋里自由遨游了。遗憾的是，它已经对人类的食物和陪伴产生了依赖，再也无法真正融入野生的虎鲸群体。不久之后，它就去世了，但是它的悲惨命运激发了人们对那些圈养动物（尤其是海洋哺乳动物）命运的思考。

鲸鱼的秘密

虽然鲸鱼主要生活在海洋里，长得有些像鱼，但是它们并不是鱼，而是鲸目哺乳动物，是地球上最聪明的动物之一，其中包括有史以来最大的动物——蓝鲸。

有多少种鲸鱼

世界上有 91 种鲸鱼，其中 76 种是齿鲸（包括海豚和鼠海豚），其余的 15 种是须鲸。须鲸以小型海洋动物为食，利用嘴里筛子一样的鲸须板过滤海水。

还有被圈养的海豚吗

近年来，尽管许多像游乐园这样的设施已经关闭，但世界上仍有成千上万只海豚被圈养，包括从野生群体中捕捉的小海豚。

鲸鱼聪明吗

近年来，科学家才知晓鲸鱼有多聪明：它们可以利用回声定位原理来寻找食物，可以通过一系列声音进行交流。海豚甚至会用特殊的口哨声来称呼彼此，就像我们喊别人名字一样。

1978 年，一群虎鲸决定攻击一头年轻的蓝鲸，这对它们来说是一项巨大的挑战。蓝鲸可以长到 30 米长，就连年幼的蓝鲸也很庞大。通过群体合作，这群虎鲸不依不饶地纠缠那头蓝鲸，不断地咬它。最终这头蓝鲸虽然侥幸逃脱了，但可能很快就会因伤重而死亡。

虎鲸危险吗

虎鲸也被称为黑鲸或逆戟鲸。在野外，它们对人类没有威胁，却是鱼类、海豹、鲨鱼甚至其他鲸鱼的致命掠食者。成群的虎鲸会合力制造海浪，把海豹从浮冰上撞下来，使其直接掉进一头等待在那里的虎鲸的嘴里。

虎鲸如何教后代捕猎

虎鲸是一流的猎手，成年虎鲸会教幼鲸如何捕猎。虎鲸妈妈会向幼鲸展示如何用尾巴猛击鱼群，把它们打晕，还会展示如何游到海豹下方，将海豹抛到空中，让海豹落在它的嘴里。虎鲸妈妈甚至会带着自己的孩子去捕猎，在发现猎物后，就游到一边，让幼鲸独立练习捕杀技巧。

许多种类的鲸鱼濒临灭绝。1986年，世界上大多数国家同意停止捕杀鲸鱼（包括海豚）。尽管如此，有几个国家仍然在继续捕杀。

单个虎鲸群的成员数量可能多达50头，它们组成了一个关系密切的大家庭。

超级鲸鱼

合作共赢

在巴西拉古纳附近的海域，人们和宽吻海豚互相合作，一起捕鱼，这样的合作已经有至少100年的历史。当地的渔民站在齐腰深的水中排成一队，或乘独木舟等候着，宽吻海豚则在不远处追逐着成群的胭脂鱼，把它们往岸边赶。海水太浑浊了，渔民看不见鱼，所以他们会等待海豚发出信号——用尾巴拍打水面，然后才开始撒网。对渔民来说，通过与海豚合作，能捕捞到更多的鱼，而海豚也会获得类似的好处，因为鱼被渔网搞得晕头转向之后，就更容易捕获了。

虎鲸提里库姆

提里库姆是一头生活在水族馆里的虎鲸，它因卷入三起悲剧性事件而出名。提里库姆两岁时就被送进水族馆，接受训练，为游客表演节目。有两位驯养员死于提里库姆的攻击，还有一位游客在偷偷溜入它所在的水池后被它杀死。野生动物专家认为，像虎鲸这样聪明的动物，会因为长期生活在圈养环境中而感到沮丧，从而产生攻击性。

救星海豚

2004年，新西兰一群游泳者被一群宽吻海豚从死亡线上拉了回来。当时，罗布·豪斯正带着十几岁的女儿和她的两个朋友在海里参加救生员训练，突然发现一群海豚围住了他们。当罗布试图游开时，那些海豚又把他包围起来，这时他才注意到附近有一条虎视眈眈的大白鲨。这些海豚继续保护着这些游泳者，直到那条大白鲨游走。

潜水员死而逃生

在水族馆参加一场自由潜水比赛期间，杨云发现一头白鲸咬住了她的腿，她顿时感到一阵恐惧。过了一会儿，她才意识到这头白鲸是在救她。比赛所用的深水池是白鲸米拉的家，池水保持着和北冰洋一样的低温，以还原它自然的生活环境。在比赛过程中，杨云的腿突然抽筋，她感觉自己无法游回水面。由于参赛者都没有携带呼吸装置，杨云担心自己会被淹死。在这危急时刻，米拉挺身而出，轻轻地叼住杨云的腿，把她送到了水面。

大白鲨的攻击

2007年，托德·恩德里斯在太平洋冲浪时，一条巨大的大白鲨误认为他是海豹，向他发起了攻击。就在被鲨鱼咬伤后的几分钟内，托德被一群宽吻海豚团团围住，它们把鲨鱼拦在外面，托德的朋友们趁机救了他。他在医院里缝了500多针，幸运地活了下来。仅仅6星期后，托德又开始冲浪了。虽然有了这次惊险经历，他依然大力呼吁保护大白鲨。他指出，责任不在大白鲨，而是因为他错误地选择在鲨鱼生活的海洋保护区里冲浪。

勇敢的雪橇犬

　　在成为传奇英雄之前，雪橇犬巴尔托并不引人注目，人们甚至不认为它体格强健。然而，它却以英勇无畏、坚韧不拔的精神，挽救了不少儿童的宝贵生命。

　　巴尔托生活在阿拉斯加，那里的冬天寒冷而漫长，狗拉雪橇是一种有效的交通方式，可以在冰雪覆盖的土地上运送人员和货物。1925年1月，诺姆镇突然遭受了白喉疫情的侵袭。白喉是一种可能危及儿童生命的急性传染病。形势刻不容缓，当地医生急需抗白喉血清来拯救孩子们的生命，但最近的血清供应站远在安克雷奇。

　　这些珍贵的血清通过火车运到了尼纳纳镇，但是从那里到诺姆镇的距离约为1 000千米，而两地之间唯一的交通工具是雪橇。于是，经验丰富的雪橇手和强壮的雪橇犬展开了一场生命的接力，在零下40摄氏度的极端低温中奋力前行。2月1日，轮到巴尔托所在的雪橇队上阵了，其领队是雪橇手贡纳尔·卡森。

　　天气越来越糟，巴尔托和它的队友们整夜都在与暴风雪搏斗。寒风呼啸，风力大到足以将它们掀翻，但是在巴尔托的带领下，它们坚持不懈地向前冲刺。85千米的距离，狗狗们却花了将近10小时，最后终于抵达了诺姆镇。这是一场生死攸关的接力，巴尔托和它的伙伴们克服了大自然最为严酷的天气，拯救了小镇上的孩子们。

雪地犬

　　最早被人类驯养的狗与狼有许多相似之处，它们都习惯于在户外生活，即便是在漫长而寒冷的冬季也能适应自如。人们饲养这些狗的初衷，往往是为了让它们协助放牧，保护牲畜免受野兽的侵袭。时至今日，依然有许多种类的狗狗能够在寒冷的地方茁壮生长，并且其中不少狗狗还肩负着重要的工作职责。

雪中搜救

　　雪崩是一种自然灾害，指的是大量冰雪突然从山坡上滑落的现象，这一过程往往毫无预兆，其破坏力巨大，能够迅速掩埋道路、房屋以及人类。

　　为了应对雪崩造成的灾难，人们训练了专门的搜救犬来协助寻找被雪掩埋的幸存者。在人类的指导下，它们会在积雪中仔细搜寻，凭借敏锐的嗅觉探测人类的气味。与人类相比，搜救犬的效率极高，在同样面积的区域内搜救，它们的速度可以达到一个20人搜救小组的8倍之多。由于被雪掩埋的人员在一小时内就可能因窒息或严寒而死亡，搜救速度至关重要。一旦搜救犬闻到被困者的气息，它们会立即用爪子刨开积雪，随后搜救人员会携带雪铲加入救援行动。

　　圣伯纳犬巴里无疑是雪地搜救犬中的传奇之一。在19世纪早期，它在阿尔卑斯山区成功救出了40多名被困者，其中包括一个不慎掉落在冰洞中并睡着的小男孩。巴里不仅找到了这个孩子，还将他背到了安全的地方。

雪地动物

西伯利亚哈士奇

西伯利亚哈士奇与它们的狼祖先有很多相似之处。长期以来，它们一直被用作雪橇犬，因为它们精力充沛、耐力卓越，而且能够应对恶劣天气。训练哈士奇需要高超的技能和丰富的经验，但它们是非常忠诚的工作犬，可以在霜冻或下雪的环境中连续工作几小时。

牦牛

牦牛是一种体形庞大的动物，其肩高能达到 2 米，体重甚至可以超过 800 千克。它们具备出色的保温能力，能够在寒冷的高山地区保持体温，这要归功于它们那浓密且蓬松的棕色底层绒毛，以及长长的黑色外层毛发。牦牛生活在中国、尼泊尔、蒙古和中亚部分地区。牦牛是牛科动物，几个世纪以来，生活在高海拔地区的人们一直在饲养它们。它们为人类工作，也为人类提供肉和奶。在青藏高原，人们以牦牛粪代替木柴作为燃料。

双峰驼

野生双峰驼生活在中亚广阔的平原上。它们可以在没有水的情况下存活很长一段时间。在冬天，它们会长出厚厚的蓬松绒毛，以抵御冬季的严寒；当春天到来时，它们会褪去那些绒毛。双峰驼最早是在 4 000 多年前被驯化的，主要用来负重。

大羊驼

大羊驼是一种适应性很强的骆驼，能在南美洲白雪皑皑的安第斯山脉生存。它们的毛可以用来做毯子和衣服。它们很强壮，可以负重。大羊驼喜欢群居，这使它们成为看守羊群的理想动物。它们会提醒牧羊人注意潜伏在附近的掠食者，甚至会对威胁者吐口水或者发起攻击。

长期以来，亚洲象被人类用来负重，但非洲象几乎不可能被驯化。亚洲象被用来耕田，或是推倒树木以清理出农业用地，还被用来载人或运输物资。如今，野生动物专家奉劝人们不要将这些强壮、聪明且稀有的动物作为驮畜使用。

在第一次世界大战期间，单峰驼被用作工作动物。在印度，它们被套上了特制的篮子，这样就可以驮着受伤的士兵，将他们送到安全的地方。在中东地区，来自新西兰的士兵曾经骑着骆驼上前线。

什么是驮畜

纵观历史，人类一直使用一些动物为其承担艰苦的工作，从拉车、拉雪橇、犁地到负重，有时它们被称为"驮畜"或"负重动物"。

在遥远的北极地区，驯鹿被用作驮畜的历史已有数千年。它们高大强壮，能忍受极端的寒冷，因此在冬天用来拉雪橇，在夏天用来驮东西。

驴子可能是已知最古老的驮畜。5 000 多年来，人们一直用这些强壮的马科动物来运输物资。

狗狗协助治疗

诊断和治疗疾病不仅仅是科学家和医生的事，动物也能发挥一定的作用。

狗的嗅觉非常灵敏，它们甚至能嗅出人类生病的迹象。有些品种的狗对气味非常敏感，它们可以探测到浓度为万亿分之一或万亿分之二的气味。

医疗警报援助犬能够发现某些疾病（如糖尿病和癫痫）的警示信号。它们可以闻到人体气味的微小变化，这预示着可能出现了危及生命的情况。这样，它们就可以提醒主人去寻求治疗。

疟疾是一种致命的疾病，每年导致数十万人死亡，尤其是儿童。然而，莱克西、莎莉和弗雷娅这三只狗也许能够改变非洲最弱势群体的未来。它们接受过专门的训练，可以通过嗅孩子的气味来检测他们是否感染了疟疾。如果及早发现这种疾病，就可以在其对儿童造成伤害之前进行治疗。

史蒂文在三岁时被诊断出患有1型糖尿病。即使他的父母每天给他检查十多次，也很难有效调节其血糖水平。当糖尿病患者血糖水平波动过大时，其体味就会发生变化。因此，医生让医疗警报援助犬跟在史蒂文身边，随时感知其血糖变化。

科学家目前正在研究医学检测犬，以确定它们是否可以可靠地用于检测早期阶段的癌症。

山地大猩猩

在戴安·福西成长的过程中，她很难与人交朋友，但是在和动物一起时，她总是很开心。她对动物满怀热爱，这种热爱最终却导致她被人残忍地杀害。然而，她的毕生努力没有付诸东流。

戴安接受过职业治疗师的培训，她却一直渴望改变自己的人生。当有机会可以离开位于美国的家前往非洲时，她欣然接受。这个机会就是去和稀有的山地大猩猩一起生活，并对它们进行研究。

1967 年，戴安来到了卢旺达云雾缭绕的维龙加山脉。在当地居民的帮助下，她在雨林覆盖的山坡上建了一个营地。白天，她带领团队在茂密的灌木丛中跋涉，经常冒着倾盆大雨，寻找生性羞怯的大猩猩。一旦找到它们，她就会静静地坐在旁边，一边观察，一边做笔记。

这里的生活远非田园牧歌般美好，条件非常艰苦，阴雨连绵，戴安经常感到很不舒服，但是最让她心烦的是那些偷猎者。一些动物园出高价购买大猩猩宝宝，有些游客喜欢购买大猩猩的手掌作为纪念品。因此，偷猎者也在追踪大猩猩，杀死或捕获它们，大猩猩种群正面临一场灾难。

一只年轻的雄性大猩猩获得了戴安的特别关注。她给它取名为迪基特，并形容它是一个"顽皮的小绒毛球"。在接下来的 10 年里，戴安花了很多时间和迪基特在一起。迪基特和它的家人在咀嚼树叶或玩耍时，很乐意让戴安坐在它们中间。戴安越来越喜欢迪基特，甚至胜过任何一个人类同胞。

1977 年，偷猎者盯上了迪基特一家，并造成了悲惨的后果。作为一只年轻的银背大猩猩，迪基特的职责就是保护它的家庭。它履行了自己的职责，勇敢地与狗群和长矛搏斗，为其怀孕的伴侣辛巴和其他的家人争取了逃跑的时间，却献出了自己的生命。

在一段时间的极度悲痛之后，戴安和她的同事伊恩·雷德蒙德（是他发现了迪基特的尸体）决定继续研究工作，为拯救山地大猩猩争取更多的支持。当时，戴安估计只剩下 200 只山地大猩猩，她希望用迪基特之死来让人们认识到山地大猩猩所面临的困境。

戴安和伊恩将迪基特的死讯传遍了全世界，并筹集了资金来推动保护项目的实施。然而，并不是每个人都支持戴安和她的计划，偷猎者想要除掉她。1985 年 12 月 26 日，戴安·福西在她的小木屋里被谋杀。凶手一直未被抓获，但是她发起的山地大猩猩保护项目至今仍在继续。

现在，山地大猩猩的数量已经增长到了 1 000 多只，它们是近年来唯一一种数量增加的类人猿。迪基特牺牲了自己的生命，但是它不仅拯救了自己的家人，可能也拯救了自己所属的整个物种。

研究类人猿的英雄

英国考古学家路易斯·利基（1903—1972）对人类的早期历史非常着迷。他坚信，通过研究现代灵长类动物的生活方式，能够揭示人类进化的奥秘。为此，他设立了三个营地，并招募了三位年轻的女性研究人员：去卢旺达研究山地大猩猩的戴安·福西，去加里曼丹岛研究红毛猩猩的比鲁特·加尔迪卡斯，去坦桑尼亚研究人类近亲黑猩猩的珍·古道尔。

比鲁特·加尔迪卡斯

1971年，比鲁特·加尔迪卡斯抵达加里曼丹岛的丹戎普廷保护区，这里是地球上最后几片大荒野之一，交通闭塞，没有电力和通信设施。

野生动物专家曾告诉比鲁特，在野外研究红毛猩猩的梦想"难以实现"，因为这些猩猩生活在茂密的丛林深处。然而，比鲁特以实际行动打破了这一断言。她在那里研究了40多年，成为世界上对野生哺乳动物连续研究时间最长的研究者。

比鲁特一直孜孜不倦地研究红毛猩猩的生活方式，并努力为它们的未来保驾护航。1986年，她创立了国际猩猩基金会这一慈善机构，旨在保护猩猩的栖息地，并为它们的保护事业筹集资金。

珍·古道尔

1960年，珍·古道尔带着一个笔记本和一副双筒望远镜，踏上了前往坦桑尼亚研究野生黑猩猩的旅程。她的奉献精神、勇气和毅力使她一生都致力于开创性的研究和保护工作。

珍从小就梦想着要从事与非洲野生动物有关的工作。她的梦想终于实现了，利基博士邀请她去坦桑尼亚的贡贝溪黑猩猩保护区开展研究工作。她是第一个观察到黑猩猩吃肉和使用工具的研究人员，还一直关心照顾黑猩猩孤儿。

珍建立了多个组织，以资助生活在黑猩猩栖息地周围的居民。她周游世界，宣传黑猩猩所面临的威胁，大力呼吁保护它们的栖息地。此外，她还致力于改善世界各地动物园里黑猩猩的生活。

大猩猩危险吗

大型雄性大猩猩又被称为银背大猩猩，它们强壮有力，长着可怕的巨大尖牙，可能会对人类造成致命的伤害。但无论是雄性大猩猩，还是雌性大猩猩，也都有非常温和的一面。

银背大猩猩嘉宝

1986 年，一个名叫莱文·梅利特的五岁小男孩掉进了英国泽西动物园的大猩猩圈养区。他摔断了手臂，头骨骨折，一动不动地躺在那里。此时，一只名叫嘉宝的银背大猩猩跑过来，在场的人都吓得屏住了呼吸。嘉宝对这个受伤的孩子很感兴趣，轻轻地抚摸他的背。它甚至保护莱文，不让其他好奇的大猩猩靠近，直到动物园管理员设法救出这个男孩。

大猩猩宾蒂华

1996 年，在美国芝加哥市区附近的布鲁克菲尔德动物园，一个三岁小男孩掉进了大猩猩圈养区。他躺在地上不省人事，一只名叫宾蒂华的年轻雌性大猩猩走了过来，轻轻地把小男孩抱在怀里，把他从其他大猩猩的包围圈中抱出来，便于人们对小男孩进行及时抢救。

大猩猩哈兰贝

2016 年，一个三岁小男孩爬进了美国辛辛那提动物园的大猩猩圈养区。一只名叫哈兰贝的雄性大猩猩靠近孩子，开始对他进行拖拽。围观者的尖叫声让大猩猩更加不安。由于担心小男孩的安全，动物园做出了射杀哈兰贝的艰难决定。野生动物专家一致认为这是一个正确的决定，因为当时小男孩的生命正处于危险之中。

银背大猩猩需要强大的力量来保护它们的家人，当受到威胁时，它们会展示自己的力量，一边昂首挺立，捶打胸脯，一边大声吼叫。

野生大猩猩

野生大猩猩是生活在非洲中部森林里的类人猿。它们是人类的近亲，与人类之间的亲缘关系仅次于黑猩猩和倭黑猩猩。大猩猩之所以深受人们喜爱，或许是因为它们总能让我们联想到自己。

若干个共同生活的大猩猩构成一个群落，每个群落通常由多个家庭组成。群落中有一个雄性大猩猩担任首领。在其他雄性大猩猩成熟后，它们会离开原来的群落，去组建自己的新家庭。

相较于其他种类的大猩猩，山地大猩猩的皮毛更为浓密厚实，这是因为它们的家园位于潮湿多雾的山坡上。

大猩猩宝宝会手脚并用地抱住妈妈，跟着妈妈一起四处走动，直到三岁左右才会断奶。它们会观察成年大猩猩如何觅食，从而学习哪些植物可以安全食用。

大猩猩会发出类似打嗝的低沉声音，以此和同伴相互交流。它们是一种爱好和平的动物，大部分时间都躺在地上，或玩耍，或睡觉，或享用植物。除了人类，对它们构成最大威胁的是捕食幼崽的豹子，以及邻近群落的银背大猩猩。

如今，迪基特家族和其他山地大猩猩都受到了附近居民的保护，游客被邀请到大猩猩的自然栖息地参观。这些旅游项目筹集的资金被用于资助儿童教育、森林保护，以及推广大猩猩友好型农业。

大猩猩概况

大小：体长 180 厘米
生境：森林
食物：水果、树叶、种子、树皮、根和一些虫子
寿命：长达 50 岁

战争中的熊

　　战斗停止了，笼罩在薄雾中的战场上出现了片刻的寂静。一名士兵突然停住了脚步，他被眼前不同寻常的一幕惊呆了，赶紧从包里掏出速写本和铅笔，开始画起来。他画的是一只巨大的棕熊，它正用强壮的手臂抱着一枚炮弹。

　　这名士兵所画的是一头叙利亚棕熊。它与士兵们的故事开始于两年前——1942 年，那时也处于第二次世界大战期间。当时，这头棕熊的妈妈被人射杀了。一个男孩救出了这只小熊，把它卖给了波兰士兵。士兵们十分喜爱这只小熊，给它取名佛伊泰克。

　　由于熊是不允许随军旅行的，士兵们就把佛伊泰克封为"二等兵"，这样就可以给它办理必要的证件了。1944 年，这些士兵来到意大利，为英国和波兰军队运送食物和弹药。此时，佛伊泰克已经长得比大多数人都高，也比一般人更加强壮。

　　有一天，在硝烟弥漫的战场上，佛伊泰克决定出手相助。它的人类战友正在拼命地把物资装上卡车，送给前线那些正在参加战斗的人。这时，它向前走了几步，伸开了双臂。士兵们理解了它的意思，把重要的补给交给了它。

　　就这样，连续很多天，它把沉重的箱子从一辆卡车搬到另一辆卡车上，即使炸弹在周围爆炸，它也毫不退缩。佛伊泰克和它的人类同伴一起协助前方战士赢得了战斗，也赢得了那些听到这个故事之人的心。

神话中的熊

　　古希腊神话中有一个关于熊的故事。卡利斯托是一位美丽的仙女，她生了一个儿子，名叫阿尔卡斯，他的父亲是众神之王宙斯。宙斯的妻子赫拉得知此事后，妒火中烧，将卡利斯托变成了一头熊。

　　多年以后，阿尔卡斯外出打猎时看到了一头大熊，产生了要将其猎杀的冲动，全然未觉这熊便是他的母亲。就在这千钧一发之际，目睹了这一幕的宙斯迅速出手，将母子二人升上北方的天空，让他们化作璀璨的星辰——大熊座与小熊座，从而将他们从可怕的命运中拯救出来。

　　在古老的北欧传说中，有一个被称为狂暴战士（Berserker）的超人种族，据说他们可以变成熊一样的战士，拥有熊一般的力量，战斗时非常凶猛。英语单词 berserk 便源于此，用来形容那些因愤怒或激动而失去理智的人或动物。

北美洲的莫多克人也有一个关于熊的传说。在天神的首领创造大地时，他也创造了灰熊。一天，一只灰熊遇到了天神首领的女儿，把她带回家中。这个女孩长大之后，嫁给了灰熊的儿子。他们的后代融合了灰熊与天神的血统，成为美洲原住民的先祖。

在格陵兰岛的因纽特人文化中，有一个故事教导人们要尊重与他们共存的北极熊。在这个故事里，一位老猎人误杀了一头北极熊，祈祷它能复活。一头小北极熊从尸体里爬了出来，猎人把它带回家。猎人和妻子把这只幼崽当作儿子来抚养。在长大之后，这头北极熊成了一个优秀的捕猎者，常常为年迈的猎人夫妇带回海豹作为食物。

然而，有一天，猎人让他的北极熊"儿子"去猎杀另外一头北极熊，以获取肉食。它并不想杀死同类，但还是服从了猎人的命令。当猎人夫妇坐下来吃肉时，他们的"儿子"却悄然离去，再也没有回来。失去了"儿子"的帮助，这对老夫妇陷入了饥饿的困境。

许多美洲土著部落都相信，熊有超自然的力量，可以帮助人们治愈疾病。在这些部落中，有些治疗师被称为"熊医生"。他们善于观察熊的行为，以此了解哪些食物对人类有益，并将熊喜欢吃的草叶、浆果和树叶作为药物。

北极地区是地球上围绕北极的区域，其英文单词是"Arctic"，这个单词源自希腊语中表示"熊"的单词"arktos"。

熊的秘密

熊会攻击人类吗

大多数熊是杂食动物，这意味着它们的食物非常多样，包括植物和动物。它们很少攻击人类，除非是为了保护自己或幼崽。黑熊被认为比棕熊更具攻击性，更有可能会为了保护食物而发动攻击。

熊的杀伤力有多强

熊的杀伤力很强，它们的犬齿可达8厘米长，爪子又长又锋利，最长可达10厘米。熊还拥有敏锐的嗅觉和强大的力量，强有力的熊掌只要轻轻一挥，就足以把一个成年人打倒在地。熊跑得非常快，所以千万不要试图通过逃跑来逃脱。

如何判断熊的攻击意图

大多数熊都很害羞，它们宁愿把人吓跑，也不愿与人搏斗。当受到威胁时，它们会采取一系列警告行为，如咆哮、用爪子敲打地面，直立身体以显得更为高大，最后甚至会露出牙齿以示警告。此时，最安全的做法是保持冷静，缓慢后退，同时密切留意熊的动向，直至退到安全区域。

为什么有时熊会攻击人类

当熊受到威胁时，它可能会变得非常危险，护崽心切的熊妈妈尤其如此。随着人类逐渐侵入熊的栖息地，熊对人类的恐惧感逐渐减弱，这进一步增加了它们的危险性。熊是非常聪明的动物，它们知道人类经常随身携带食物，或者把食物储存在帐篷里，所以会有意接近人类以获取食物。

哪一种熊最危险

北极熊是十分可怕的掠食者，也是为数不多的以人类为食的动物之一。幸运的是，由于它们生活在寒冷的北极，人们遇到它们的机会很少。然而，随着地球开始变暖，北极熊的栖息地正在缩小，捕猎难度越来越大。这迫使它们去更远的地方寻找食物，从而增加了与人类发生冲突的概率。

比熊更致命的动物

人类远比熊更致命。据统计，从 1900 年到 2009 年，在北美地区被熊杀死的人仅有 63 个，但人类每年在全球范围内杀死的熊至少有 3 万只，这导致有些种类的熊濒临灭绝。

努力繁衍的鸻鹬

1980 年，野生动物保护官员唐·默顿接受了一项几乎不可能完成的任务：他被要求拯救一个濒临灭绝的物种。当时在世的查岛鸻鹬只有 5 只，对唐来说，成功的机会非常渺茫。

几十年前，人们开始在新西兰的一些小岛上定居，其中包括查岛鸻鹬生活的查塔姆岛。他们砍伐树木，种植庄稼。猫和老鼠等捕食者随之而来，很快它们就开始在被破坏的栖息地里肆意捕猎，杀死那些既不能保护自身也不能保护其后代的鸟类。

到了 20 世纪 70 年代，只有 7 只查岛鸻鹬幸存了下来。后来又有 2 只不幸离世，但是唐也没有绝望。他注意到，在剩下的 5 只查岛鸻鹬中，只有一对能繁殖后代，那就是雌鸟老蓝和它的伴侣老黄。这种鸟通常能活到 4 岁，每个繁殖季节会产下 2 个鸟蛋。如果照这样的趋势发展下去，它们就真的要灭绝了。

唐有了一个好主意。他把老蓝的蛋放在一种本地鸟的巢里，让它们来孵蛋，老蓝则很快又下了 2 个蛋。当第一窝蛋孵出时，幼鸟被送到老蓝和老黄身边，由它们亲自抚养。与此同时，养父母则负责孵化第二窝蛋。

唐的巧妙计划成功了。老蓝继续下蛋，而养父母则负责孵蛋。老蓝最终活到了 14 岁，这在其同类中极为罕见。如今，查岛鸻鹬的数量已经接近 300 只，这是老蓝及其后代努力繁衍的成果。

什么是灭绝

灭绝是指一个物种的所有成员都不复存在的现象。受到人类行为（如砍伐森林和污染海洋）的影响，物种灭绝的速度正在迅速加快。不过，历史上也有过自然发生的物种灭绝事件。

动物为什么会灭绝

动物们一生都在为生存而战。为了应对不断变化的环境，每种动物都必须做出适应和改变。多数物种的灭绝是地球生命历程中的自然环节，这一过程被称为自然选择，它促使新的物种更能适应这个不断变化的星球。

恐龙为什么会灭绝

科学家普遍认为，大约6 600万年前，一颗巨大的陨石撞击地球，造成了空前的灾难，包括恐龙在内的大部分生物都灭绝了，而那些幸存下来的动物则迅速适应环境，蓬勃发展。如果恐龙没有灭绝，那么今天地球上或许就不会有如此繁多的鸟类和哺乳动物，包括我们人类在内。

过去的灭绝事件

大多数灭绝事件发生在人类出现之前的漫长岁月里，我们可以通过化石来探寻灭绝生物的踪迹。化石是死亡已久的生物遗骸形成的，随着时间的推移，这些遗骸变成了石头。由于动物柔软的身体部位很少能形成化石，因此科学家主要研究由坚硬的身体部位形成的化石，如骨骼、鳞片、牙齿、爪子、贝壳等。

如今，遗传学在帮助科学家理解进化方面起着至关重要的作用。

外来物种入侵

外来物种是野生动物的主要威胁。如果这些物种被引入原本不属于它们的栖息地，通常会给当地的野生动物带来灾难性的后果。

猫与老鼠

老鼠经常偷偷溜上船，和人类一起旅行。为了消除鼠患，水手们会带上猫。当船只停靠在澳大利亚和新西兰的一些岛屿时，这些猫和老鼠便趁机溜上岛屿，对当地生态系统造成了巨大破坏。其中，不会飞翔的鸮鹦鹉深受其害，它们被猫和老鼠大量猎杀，以至于濒临灭绝。如今，这种珍稀鹦鹉的全球数量仅剩约 155 只，它们受到严格保护，生活在已清除外来物种的岛屿上。

亚洲鲤鱼

这些鲤科鱼类在 20 世纪 70 年代被引入美国，原本是为了清除鱼塘中的浮游生物，保持水质清洁。然而，一些亚洲鲤鱼在洪水泛滥时从鱼塘里逃了出来，迅速扩散到美国各地，与当地鱼类争夺食物和栖息地。由于在新的家园没有天敌，亚洲鲤鱼在当地的湖泊和河流中迅速繁殖，泛滥成灾。

甘蔗蟾蜍

甘蔗蟾蜍是一种有名的外来入侵者，它们在 20 世纪 30 年代从美洲被引入澳大利亚，用以对抗危害作物的害虫。这种蟾蜍的皮肤能分泌出恶臭且有毒的液体，在它们的原生栖息地，天敌对这种物质有一定的免疫力。但是在澳大利亚，由于没有这样的天敌，甘蔗蟾蜍的数量激增，对当地生态造成了严重影响。

棕树蛇

20 世纪 50 年代，棕树蛇被意外地从巴布亚新几内亚引入关岛。这些小蛇迅速繁殖，导致岛上超过一半的本地鸟类和蜥蜴物种，以及三分之二的蝙蝠物种灭绝。由于鸟类、蜥蜴和蝙蝠的数量大幅减少，昆虫数量剧增，对农作物造成了严重危害。如今，关岛的农作物产量下降，其他植物也受到波及，因为替植物授粉的鸟类、爬行动物和蝙蝠越来越少。

极度濒危的动物

生物学家认为，地球正在经历一场大灭绝，而这场灭绝是由人类造成的。在那些即将或已经消失的物种中，以下动物成为它们各自种族中的最后一个。如果不在野生动物保护策略上实施重大变革，更多生物将面临同样的命运。

孤独的乔治

2012 年 6 月 24 日早上，当乔治的尸体被发现时，全世界都为之哀悼。乔治是最后一只平塔岛象龟。这种巨龟生活在加拉帕戈斯群岛上，曾长期遭受人类捕杀与栖息地被破坏的双重威胁。

1971 年，乔治在野外被偶然发现。在此之前，生物学家一度以为所有的平塔岛象龟都已经灭绝了。虽然他们努力为乔治寻找配偶，但很快就发现它真的是这个物种的最后一个。它去世时，已经有 100 多岁了。

旅鸽玛莎

1813 年，美国拓荒者约翰·詹姆斯·奥杜邦在回家的路上，看到地平线上出现了一大群旅鸽。他描述说，这群旅鸽太多了，遮天蔽日，当所有的旅鸽经过时，"它们振翅的嗡嗡声"持续了几小时。据估计，当时北美洲生活着 30 亿只旅鸽。

然而，在一个世纪之后的 1914 年，最后一只旅鸽玛莎在辛辛那提动物园中悄然离世。由于旅鸽曾经是人们喜爱的食物，它们因被大量捕杀而灭绝。

最后的北方白犀牛

2008 年，最后一批野生的北方白犀牛已经被猎杀到濒临灭绝的境地。2018 年，最后一头幸存的雄性北方白犀牛苏丹死去，这个物种只剩下两头雌性了，即纳金和它的女儿法图，它们生活在肯尼亚。

消失的金蟾

金蟾生活在哥斯达黎加潮湿的云雾林中。最后一只金蟾发现于 1989 年，这个物种最终在 2008 年被宣布灭绝。它们的灭绝要归咎于一种真菌疾病，而这种疾病可能是由气候变化和环境污染导致的。

最后一只奥亚吸蜜鸟

吉姆·雅可比被认为是较晚听到奥亚吸蜜鸟唱歌的人。时间要回到 1984 年，吉姆录下了这种鸟的歌声，当他回放这些歌声时，一只奥亚吸蜜鸟被优美的声音吸引了过来，以为这里还有一只同类。也许这只鸟就是这个物种的最后一只，现在这个物种已被宣布灭绝。

再见，白鱀豚

白鱀豚是第一种功能性灭绝的海豚。1980 年，白鱀豚只剩下 400 只，但它们的数量仍在迅速下降，最后一次有人看到白鱀豚是在 2002 年。它们的灭绝是由污染和捕捞造成的，渔网不仅可以用于捕捞鱼类，还可能会害死白鱀豚。

历经战乱的亚洲象

　　86岁高龄的亚洲象林旺在中国的台北动物园去世了，它不仅是一头备受喜爱的大象，还是一位在战争中艰难幸存下来的英雄。

　　林旺的故事要追溯到第二次世界大战期间。那时，它被迫在缅甸为日军运送物资。1943年，林旺成了中国军队俘获的13头大象中的一员。从此，它开始为新主人服务。1945年，中国士兵带领着这群大象踏上了漫长而艰辛的归途，穿越重重困难返回广东省。然而，这次旅行异常艰难，途中有6头大象不幸丧生。

　　林旺是幸存大象之一，它的辛勤付出得到了回报——在公园里平静地生活了很长一段时间。后来，林旺被送到中国台湾地区，从事运送木料的工作。虽然工作很辛苦，林旺还是服从命令，尽职尽责。到了1951年，除了林旺外，被中国军队俘获的其他12头大象已经全部死亡。人们认为林旺应该退休了。1954年，林旺被送往台北动物园，在那里度过了余生。

　　在台北动物园里，林旺深受游客欢迎，成为受人爱戴的"林旺爷爷"，每年这座城市的人们都会为它庆祝生日。2003年，林旺在睡梦中安详离世，成了寿命最长的圈养大象。

大象的秘密

大象有家庭吗

大象以家庭为单位生活，每个家庭中的几代大象构成一个象群。其中最年长的母象是"家长"，领导着由成年母象和小象组成的象群。成年母象都会帮助照顾小象，也会寻找食物和水。一个象群中有多达15头成年象，当象群变得过大时，就会一分为二，但两个象群还会经常碰面。成年公象不和母象一起生活，它们要么成群结队，要么独来独往。

大象聪明吗

毫无疑问，大象是非常聪明的动物。与类人猿和海豚一样，大象也能在镜子中认出自己，这是一种比较罕见的能力。它们会学习、玩耍，还会帮助受伤的群体成员，甚至会制作和使用工具。例如，大象会从树上扯下细长的枝条，用来驱赶身上的苍蝇。

大象为什么会发出隆隆声

大象可以用小号一样的叫声进行交流，也会发出低沉的隆隆声。这种隆隆声可以在地面上传播至少3千米的距离，其他大象用脚来感知这种声音。它们也会用鼻子交流，把鼻子放到对方嘴里打招呼。成年大象会抚摸小象，让小象安静下来；如果小象实在太顽皮，成年大象还会轻轻拍打，以示惩罚。

大象真的有超强记忆力吗

大象确实有超强的记忆力。象群的"家长"能记住水源的位置，即使上次使用该水源是在很久以前。大象也会去家族成员去世的地方，轻轻地触碰那里的土地，以表达对逝者的怀念。

为什么大象的耳朵特别大

大象主要用它们的大耳朵来听声音，但耳朵也有其他用处，例如，可以通过扇动耳朵来表达愤怒。大象的大耳朵还有助于它们更有效地散热。在大象体温过高时，温暖的血液就会涌向耳朵，当它们扇动耳朵的时候，热量可以从耳朵表面散发出去。

大象会迁徙吗

像许多生活在非洲草原上的其他动物一样，大象也会随着季节的变化而迁徙，以充分利用雨季后新生的植物。然而，生活在马里共和国的大象却不得不适应世界上最具挑战性的栖息环境——沙漠，那里气温很高，很难找到水源。为了生存，这些大象在一年之内可能要迁徙480多千米。

为什么大象会濒临灭绝

几个世纪以来，人们为了获取象牙而大肆捕杀大象。大象还可能会在野外被捕获，用来为人类工作，或者被圈养起来，这种现象在亚洲特别突出。如今，亚洲象还面临着栖息地丧失的严重威胁。

大象的故事

　　金宝是世界上最著名的大象之一，其英文名字"Jumbo"已成为庞然大物的代名词。1861年，金宝的母亲在非洲遭到猎杀，而金宝则被捕获，并送到了伦敦动物园。在那里，金宝迅速成了游客的宠儿，甚至可以让游客感受骑大象的乐趣。1882年，金宝被卖给了美国著名的马戏团老板巴纳姆，他想让金宝成为马戏团里的明星。遗憾的是，3年后金宝不幸被火车撞死，但巴纳姆把金宝的尸体制作成了标本，继续向公众展示并从中获利。

　　2010年，一个名为"生来自由"的野生动物慈善机构发起了一项活动，旨在解救亚洲一家动物园里的两头小象马夸和肯尼迪。最终，这两头小象被成功解救，并被安全送回了津巴布韦的野外，从此过上了自由自在的生活。

　　1973年，亚洲象鲁比在泰国出生。在不到两岁的时候，它就被送到美国亚利桑那州的凤凰城动物园。有一天，饲养员注意到鲁比在用一根棍子在沙地上写写画画，于是就给它拿来了刷子和颜料，它很快就在纸上画了起来。鲁比很快名声大噪，它的一些画作甚至卖出了几千美元的高价。

亚洲象雪莉 1944 年在斯里兰卡被捕获，在马戏团度过了漫长的岁月，直到 1995 年才得以退役。后来，雪莉被送往美国佐治亚州的一家动物园。它在那里安享晚年，寿命远远超过了圈养大象的平均寿命。

北非古国迦太基的汉尼拔是一位卓越的军事将领，曾长期与罗马人作战。他最著名的壮举之一是带领军队翻越了阿尔卑斯山脉。他的军队里还有大约 40 头大象，但是当他到达意大利时，只剩下几头大象还活着。最后一头幸存的大象是苏鲁斯，它只有一根象牙，但被誉为最勇敢的大象。

公元前 326 年，在希达斯皮斯河岸边，马其顿王国的国王亚历山大与印度国王波罗斯对峙。亚历山大想要征服印度，而波罗斯一度用 200 头大象击退了亚历山大的军队。后来，亚历山大卷土重来，用弓箭来对付波罗斯的大象。大象惊慌失措，波罗斯的许多士兵被践踏而死，亚历山大取得了最终的胜利。

2014 年，非洲象萨陶被偷猎者用毒箭猎杀。这头大象体形巨大，象牙长达两米，几乎能碰到地面。这让它成为偷猎者的目标，因为巨大的象牙意味着巨额的非法利润。萨陶的去世震惊了全世界，让更多的人认识到了结束非法象牙贸易的必要性。

英勇的斗牛犬

深夜时分，斗牛犬阿左忽然察觉到一丝异常。往常这个时候，它和主人早已进入梦乡了。

阿左听到了非同寻常的动静，它竖起耳朵，鼻子抽动了一下。它意识到房子里有陌生人，这让它不由得担心起主人的安危。在有陌生人进入家中的时候，狗狗们通常都会异常警觉，但是大多数斗牛犬是不称职的看门犬，因为它们太友好了，很可能去舔舐陌生人，而不是发出警告的咆哮。

原来，有四名携带枪支的窃贼潜入家中。本能提醒阿左情况不对，它迅速站起来，准备采取行动。与此同时，家中的男主人也被惊醒，从床上起身。当其中一个窃贼用猎枪瞄准男主人时，勇敢的阿左一下子扑了上去。就在这时，窃贼开枪了，子弹击中了阿左的一条腿，它摔倒在地。

最终，窃贼们逃离了现场，但他们还是抢走了家中的财物。孩子们担心可能会失去他们心爱的阿左，非常伤心。阿左需要接受紧急腿部切除手术，因为伤势太严重，它的腿已经无法修复。阿左为主人挡子弹的英勇事迹在当地社区和社交媒体上广泛传播。来自各地的爱犬人士迅速提供了帮助，阿左很快就康复了，回到了对它充满喜爱和感激之情的主人家中。

狗狗的秘密

狗是一种什么动物

狗是一种家养动物，与狼和其他犬科动物密切相关。其实，所有的宠物狗都是狼的后代。

哪种狗身材最高

谈到身高之最，大丹犬无疑会拔得头筹。其中，名为宙斯的大丹犬更是创造了身高纪录，高达 111.8 厘米。然而，体形较大的狗狗往往寿命较短。

为什么狗和狼看起来如此不同

犬类的驯养已经有几千年的历史，在此过程中，人们也改变了它们的外表和行为方式。人们会选育那些他们喜欢的特征，比如有斑点的皮毛和活泼的性格。随着时间的推移，这些特征得到了进一步发展，最终形成了今天我们所见到的众多犬种。

哪种狗体形最小

相对而言，吉娃娃是体形最小的狗。最小的吉娃娃体长还不到 20 厘米。最矮的吉娃娃是一只名叫珍珠的雌性吉娃娃，只有 9.14 厘米高。

狗有多少个品种

世界上至少有 300 个品种的狗。当两个不同品种的狗交配时，它们的后代被称为"混血犬"或"杂交犬"。例如，拉布拉多贵宾犬是拉布拉多犬和贵宾犬的杂交品种。

什么是玩赏犬

小型犬常被称作玩赏犬，如北京哈巴狗、蝴蝶犬和马尔济斯犬等，均属于此类。

为什么有些狗没有毛

人们之所以饲养无毛犬，是因为它们不需要梳理毛发，也不会像有毛犬那样将毛发弄得一团糟。然而，由于体表没毛，它们很容易受凉和晒伤，所以需要特别照顾。

狗为什么会汪汪叫

狼嚎叫是为了交流，狗汪汪叫也是出于同样的原因。它们会用这样的叫声来引起注意，发出警告，或者表达兴奋之情。它们也会发出其他声音，比如嚎叫和呜咽，尤其是在无聊、孤独或痛苦的时候。

哪种狗跑得最快

在奔跑速度方面，灰狗无疑是佼佼者。人们繁育它们的目的主要是用于捕猎，因此它们可以跑得很快，其最高时速可超过 70 千米，远远超过大多数其他动物。

哪些狗的嗅觉最发达

长鼻子的狗比短鼻子或扁鼻子的狗嗅觉更灵敏。嗅觉特别灵敏的品种被归类为"嗅觉猎犬"，其中包括寻血猎犬、巴吉度猎犬和比格犬。

哪些狗的毛发特别浓密

普利犬和可蒙犬是两种毛发特别浓密的狗。它们的毛发像长长的流苏或绳索，一直垂至地面。它们本来都属于牧羊犬，但是其毛茸茸的外观有时甚至会让人误以为它们是绵羊。

值得表彰的动物

如果动物能拯救人类或其他动物的生命，它们无疑值得授予英雄勋章。你会把勋章颁给以下哪位超级英雄呢？

金丝雀拯救过许多煤矿工人的生命。矿井中有时会产生有毒气体，这些气体无色无味，矿工很可能还没有来得及逃脱就中毒身亡了。矿工们发现，如果带着金丝雀到矿井中去，一旦空气中出现了致命毒气，金丝雀很快就会出现窒息中毒的症状，从而为矿工们赢得宝贵的逃生时间。

比格犬斯嘉丽曾经在一个实验室里待了几个月，在那里参与了一些动物实验。然而，这段经历给它留下了严重的精神创伤。在离开实验室之后，它成了一名动物大使，让人们开始思考如何善待实验动物的问题。

鲸鱼研究专家南·豪瑟曾经在潜水时遭遇惊险一幕，她被一头座头鲸推来推去，这让她大吃一惊，因为这不是这种温和动物的典型行为。起初，她非常害怕。但是，她很快就意识到，这头座头鲸正在保护她免受附近一条虎鲨的攻击。

面对着火的车库，猫妈妈斯嘉丽焦急万分，因为猫宝宝就在车库里，它赶紧跑回去救自己的孩子。它冲进火海，往返五次才把所有的猫宝宝转移到安全的地方。在此过程中，它被烧成了重伤。幸运的是，它后来康复了，它和所有的猫宝宝都被好心人收养。

名为小个子的大羊驼是农场主布鲁斯·舒马赫最喜爱的农场动物之一。这只大羊驼和一群羊生活在一起，帮助布鲁斯保护羊群免受土狼和美洲狮的伤害。有一天，布鲁斯在镇上听说自家的农场着火了。他赶紧跑回家，发现房屋和谷仓都被烧毁了，大部分牲畜也被烧死了，但是30只羊却安然无恙，原来是大羊驼把它们从火里赶了出来。然而，大羊驼却被烧伤了，肺部也受到了烟雾的伤害。不幸的是，这只大羊驼最终没能活下来，但是布鲁斯心里永远对它充满感激。

在美国的一家动物园，一只土拨鼠掉进了水槽里，将其救出的不是动物园的工作人员，而是一只名叫射手的大麋鹿。当时这只土拨鼠怎么也爬不出来，差点被淹死了，多亏这头雄性麋鹿轻轻地把它救了出来。

黑猩猩艺术家

2005 年，随着拍卖师的锤子砰的一声落下，艺术史被改写了。有三幅画作被拍出了 14 400 英镑的高价，这些画作并非普通的艺术品，而是由一只名为刚果的黑猩猩创作的。

刚果出生在野外，但它后来生活在伦敦动物园。在 20 世纪 50 年代，它频繁亮相于一档名为"动物园时间"的电视节目。这档节目的主持人是戴斯蒙德·莫里斯，他不仅是一位著名的画家和动物学家，还是一位电视明星。

在刚果只有 18 个月大的时候，德斯蒙德怀着极大的好奇心，给了它一些卡片和铅笔，想看看黑猩猩会如何使用这些简单的工具。令他吃惊的是，刚果画出了一些线条。在接下来的两年里，刚果尝试使用颜料，创作了大约 400 件作品，部分作品甚至有幸在伦敦当代艺术学院展出。

然而，对于黑猩猩的画作是否真正属于艺术品，评论家们意见不一。有人认为这些不过是随机的涂鸦之作，但包括毕加索和萨尔瓦多在内的艺术大师却非常欣赏这些画作。他们注意到刚果在颜色和图案的选择方面颇为用心，尤其偏爱扇形图案。倘若一幅画作在完成前被拿走，刚果甚至会大发雷霆。

1964 年，刚果离世。我们可能永远无从知晓黑猩猩作画时脑子里在想什么，但是刚果的画作或许能为我们揭示人类祖先最初涉足艺术创作的奥秘。

著名的黑猩猩

灰胡子大卫

在坦桑尼亚的贡贝国家公园里，珍·古道尔致力于野生黑猩猩的研究，观察它们在自然状态下的行为。在众多黑猩猩中，她特别偏爱一只，并亲切地将其命名为灰胡子大卫。它是第一只被人们发现会使用工具和吃肉的黑猩猩。这是一项开创性的研究，让灰胡子大卫在自然史上留下了浓墨重彩的一笔。

会说话的华秀

在 20 世纪 60 年代，华秀成为第一只学习手语的动物，掌握了大约 130 个手势，并且对手势的理解能力远超其表达能力。华秀不仅享受与其他黑猩猩共处的时光，还成功地将手语传授给了小黑猩猩路利斯。虽然科学家承认黑猩猩可以掌握手势，但黑猩猩是否真的可以将手势作为一种语言，仍存在争议。华秀于 2007 年去世，它帮助人类意识到黑猩猩有多么聪明。

黑猩猩在很多方面很像人类，所以人们曾经把黑猩猩关起来作为研究对象或宠物。今天，我们知道黑猩猩属于野外，它们有自己的家庭。

聪明的坎兹

坎兹是一只倭黑猩猩，它能够理解人类的简单指令，比如"把钥匙放在冰箱里"，它甚至还可以通过按键盘上的符号与人"对话"。

动物与艺术

一些能抓握画笔的动物被训练在纸上涂鸦，有人认为这种活动可以缓解圈养动物的无聊情绪。然而，对于这些动物是否真正具备创造性地使用颜色的意识，以及它们是否能够从自己的作品中感受到乐趣，我们仍不得而知。尽管如此，这些画作仍然很有意义，如果将其公开出售，可以为这些动物"艺术家"生活的保护区、水族馆或野生动物园筹集资金。

海狮

毫无疑问，海狮很聪明，也很喜欢学习新事物。例如，生活在日本一家水族馆的海狮杰伊就学会了书写汉字，其书法表演深受游客喜爱。而在英国的一家水族馆里，海狮摩根则擅长绘画，它尤其偏爱红色和橙色。此外，还有一只生活在美国水族馆的海狮，它会把颜料涂在自己的脚上，然后踩在纸上，创作出独一无二的"脚印画"。

大象

大象的鼻子几乎和人手一样灵活，所以亚洲象可以用鼻子"握着"画笔画出美丽的图案。不过，要教会大象画画并非易事，因为这并非它们的自然行为，需要大量的训练。

鸽子

有些动物能识别一些著名艺术家的作品。例如，经过训练后，鸽子不仅能分辨莫奈和毕加索的画作，还能分辨作品是属于立体派还是属于印象派。

大自然的艺术家

野生动物经常会创造出十分美丽的图案，这是它们正常行为的一部分。比如，蛇在炎热的沙漠里蜿蜒前行时，会留下独特的之字形图案；而蜜蜂在建造储存卵和蜂蜜的蜂房时，会打造出复杂的六边形结构。此外，雄性园丁鸟会收集五颜六色的物品来装饰自己的"凉亭"，并在那里翩翩起舞或昂首阔步，以赢得雌性园丁鸟的芳心。

动物会使用工具吗

有些动物是会使用工具的，无论它们是否有像人类一样的手。猿和猴会像人类一样用手来抓握东西，而有些动物则会巧妙地利用嘴巴、鼻子等身体部位。

卷尾猴擅长举起沉重的石头来砸开坚果的外壳。

海獭会把石头当作小锤子，用来砸开岩石上的贝类。更有趣的是，它们还会仰面漂浮在水上，把一块石头放在肚皮上，然后用贝类去砸石头，直到贝壳裂开。

红毛猩猩会把带刺的水果包在叶子里，这样在剥水果时就不会伤到手了。

费加罗是一只凤头鹦鹉，它学会了用木棒来够笼子外面的坚果。其他凤头鹦鹉看到费加罗的行为后，很快就开始模仿起来。

澳大利亚的宽吻海豚会使用海绵作为工具。它们在沙质海底觅食时，为了避免被沙石划伤，会用海绵来保护自己的嘴巴。只要有一只海豚掌握了这种技能，其他海豚也会通过观察很快掌握。

有人看到一只野生黑猩猩用长长的棍子去够漂浮在河里的香蕉。

乌鸦是使用工具的高手。在日本一些地方，乌鸦会趁着交通灯变红时把坚果扔到马路上。等到汽车从坚果上碾过并将其压碎，它们就会俯冲下来，取回自己用劳动和智慧换来的果实。

有一只名叫利亚的野生大猩猩，它会用树枝当拐杖，顺利渡过一条较深的河流。

濒危灵长类动物

一半以上的灵长类物种面临灭绝的威胁，其中88个物种处于极度濒危状态，这意味着它们可能很快就会灭绝。对于大多数灵长类动物来说，失去森林家园是它们未来将面临的最大威胁。

红毛猩猩的第三个亚种是塔帕努里猩猩，直到2017年才被发现。它们在野外的数量不到800只，是所有类人猿中最稀有的。红毛猩猩曾经的家园现在大多变成了农林用地，尤其是油棕种植园。

1973年，加里曼丹岛上大约有29万只红毛猩猩。据科学家估计，如今大约还剩下5万只。在短短50年的时间里（相当于一只红毛猩猩一生的时间），就出现了这样一种灾难性的骤减。

现存的成年北方狐猴不到50只。如果不立即开展拯救工作，保护它们在马达加斯加的栖息地，它们可能很快就会灭绝。

100年前，大约有200万只黑猩猩。如今，野生的黑猩猩可能还不到30万只。这些类人猿面临的主要威胁是它们所生活的森林被大面积砍伐，人们在其中挖矿、建造房屋，或是耕种土地。

虽然如此，也有一些好消息。长达30年的保护工作已经帮助金头狮狨免于灭绝。根据20世纪90年代的统计，当时这种美丽的小型灵长类动物只剩下272只。最近的研究表明，现在其数量已经增加到大约1 000只。

野生苏门答腊红毛猩猩大约有14 000只。

所有种类的大猩猩都濒临灭绝，但克罗斯河大猩猩所面临的形势尤其严峻，现存的成年克罗斯河大猩猩不超过250只。

老虎战胜鳄鱼

　　母爱与保护孩子的本能蕴含着无比强大的力量，这种力量在孟加拉虎玛琪莉身上得到了淋漓尽致的展现。

　　20世纪90年代中期，玛琪莉出生于印度兰滕博尔国家公园。公园里的导游发现，这只幼虎天生就与众不同。它生性好奇，脸上有一个独特的鱼形印记，极为显眼。于是，导游们便给它取了个昵称"Machli"，这个词在印度语中是"鱼"的意思。然而，他们怎么也没想到，这条"鱼"后来竟然能战胜鳄鱼。

　　在成长过程中，玛琪莉并未像其他幼小动物那样表现出胆怯。两岁时，它已能独立狩猎，奔跑迅速，捕猎技巧娴熟，足以离开母亲的庇护，建立自己的领地与家庭。

　　到了2003年，玛琪莉已经成为大名鼎鼎的兰滕博尔湖"女王"，被导游们称为无畏的母亲和猎手。玛琪莉的活力并没有随着年龄的增长而减弱，因此深受游客的喜爱。它甚至巧妙地学会了利用游客的车辆作为掩护去捕猎水鹿。当时，它正在养育它的第二对双胞胎幼崽——朱姆鲁和朱姆利。

　　然而，玛琪莉的孩子们面临来自鳄鱼的威胁。这些强大的掠食者一直生活在公园里，其数量已经增加到近100只。水鹿已经逃离了这一区域，只剩下饥肠辘辘的老虎。食物短缺，加上来自鳄鱼的威胁，使得老虎们的处境十分艰难。只有最勇敢的老虎才敢于挑战鳄鱼，而玛琪莉正是这样的勇士。

面对一条 4 米长的鳄鱼，大多数老虎或许会选择咆哮着逃离，玛琪莉却毫不畏惧。它坚信自己战胜强敌，尽管鳄鱼的体长是它的 2 倍。为了保护自己的幼崽，它勇敢地跳到鳄鱼的背上，用利爪紧紧抓住鳄鱼庞大的身躯。它灵活地避开鳄鱼那满是利牙的大嘴，把鳄鱼的身体扭转过来，一口咬住其颈部后方，最终将其杀死。

　　这场胜利彻底改变了玛琪莉的生活。游客记录下了这场激烈的战斗，玛琪莉的英勇事迹迅速传遍全球，吸引了大量游客与科学家前来探访。玛琪莉成为有史以来被拍摄最多的老虎之一，而它的名声也推动了老虎保护事业的发展。玛琪莉一生养育了 11 只幼崽，在后来的日子里，它继续以无畏的勇气保护孩子们免受各种威胁。

致命捕猎者

哪种鲨鱼最致命

鲨鱼袭击人类的事件极为少见。当人们遭遇鲨鱼的追击时，往往无暇分辨是哪种鲨鱼。值得注意的是，鲭鲨和真鲨科中有着多种极具杀伤力的种类。虽然大白鲨对吃人不感兴趣，但它有时会把人误认为它最喜欢的食物——海豹。相比之下，虎鲨就显得不那么挑剔了，几乎什么都吃。

老虎真的会吃人吗

遗憾的是，答案是肯定的。老虎一点也不挑剔，也不是特别害怕人类，所以有时它们会伤害进入其领地的成年人和孩子。有史以来最著名的食人虎是一只名为"查姆帕瓦特"的老虎，它被认为是伤人性命最多的动物。在 1907 年被消灭之前，它在尼泊尔夺去了 200 人的性命，在印度夺去了 236 人的生命。时至今日，老虎已变得极为少见，人类已经导致 3 种老虎的灭绝。

暴力的河马

河马是食草动物，但它们被认为是非洲最危险的动物之一。当太阳下山时，体形庞大的河马从水中爬出来，开始在河边吃草。当太阳升起时，它们又会回到水里。此时，这些巨大的食草动物会变得特别致命。河马妈妈和小河马喜欢在水中打滚，有时会潜入水下。如果船只靠得太近，河马妈妈就会为了保护小河马而变得十分暴力。河马可以很轻松地倾覆一艘船。它们的嘴巴和牙齿都很大，一口就能置人于死地。

老虎猎杀的人比狮子少，

但豹子猎杀的人比狮子和老虎都要多。

动物中的模范父母

动物王国里有很多出色的父母。

雌性后颌鱼会把卵产在雄性的嘴里，这些卵在孵化过程中由雄性负责保护。

章鱼妈妈每次可以产 10 万个卵。它把卵产在一个洞穴里，然后蹲在上面，用它的 8 只腕足在海水里来回摆动，保护这些卵免受捕食者的伤害。它不会离开卵去寻找食物，所以在卵孵化的过程中，章鱼妈妈不会进食。最终，章鱼卵孵化成功，小章鱼游走了，但是章鱼妈妈也饿死了。

苏里南蟾蜍又名负子蟾。雌蟾背部的皮肤上可以长出很多小卵囊，能容纳大约 100 个卵。卵可以在卵囊里安全地发育，直到孵化出蠕动的小蝌蚪。

海马夫妻中负责照顾卵的是雄性，而不是雌性。雌海马把卵放在雄海马肚子上的育儿袋里，小海马会在育儿袋里孵化出来。

袋鼠、考拉和其他有袋动物产下的幼崽很小，只有一块软糖那么大。幼崽会爬进妈妈肚子上的育儿袋里，在那里靠吃奶长大。

雄性鸸鹋会在雌性鸸鹋产卵的地方筑巢。在长达8星期的时间里，鸸鹋爸爸会和卵待在一起，每天翻动几次，以确保它们正常发育。在雏鸟孵化出来之后，鸸鹋爸爸会照顾它们，并教它们如何觅食。

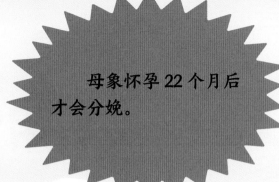

母象怀孕22个月后才会分娩。

杜鹃有一种不同寻常的育儿方式。它们会把蛋下在其他鸟类的巢里，让那些鸟来承担辛苦的养育工作。在杜鹃的雏鸟孵化出来之后，它们会把养母的孩子都挤到巢外，这样它们就能得到养母所有的关爱和照顾。

海獭的数量在急剧下降，现在它们已经受到保护。美国加利福尼亚州的野生动物专家想要确保每只海獭都有很好的生存机会，所以他们招募了两只雌性海獭图拉和乔伊来当养母。失去双亲的海獭来到野生动物保护区后，它们被交给图拉或乔伊。这两只海獭妈妈很乐意收养新生的"婴儿"，也能够很好地照顾它们。

你知道吗

有些动物会一次生育大量的后代，如许多种类的鱼和虫子。它们每次会生育成千上万甚至更多的幼体，但不会投入时间和精力去照顾。有些动物生育的后代较少，但会照顾后代，有时会照顾很多年。无论选择哪种生育方式，都能成功地确保物种的生存。

军用信鸽

1946 年 8 月，一只名叫"大兵乔"的鸽子因拯救了至少 100 名士兵的生命而受到表彰。它被授予迪金勋章，这是一种特殊的荣誉，授予那些在战争时期十分勇敢或忠于职守的动物。

如今，我们或许已对快速便捷的现代通信技术习以为常，但是在卫星和移动电话出现之前，人们不得不依赖一些古老的方式来传递信息。其中，训练有素的信鸽是一种快速可靠的通信工具。人们使用信鸽的最早记录之一出现在 2000 多年前，即古罗马指挥官朱利叶斯·凯撒征服高卢期间。

在第二次世界大战期间，参战各方都需要信鸽。据估计，仅在英国就有 20 万只信鸽用于战争通信。它们被带到战场上，然后被放飞，携带着绑在腿上的信息，凭借本能返回自认为是"家"的地方。美国、德国和法国的军队也都受益于信鸽令人难以置信的能力。它们能飞越遥远的距离，甚至能在狂风、暴雪甚至炮火纷飞的环境中找到回家的路。

大兵乔是一只美国信鸽，从 1943 年开始在美国陆军信鸽服务中心服役。当时，德国军队占领了意大利的卡尔维韦奇亚镇，美国军队正在为空袭做最后的准备，以帮助英国军队夺取

阵地。然而，英国军队已经发动了进攻，比预期更早地成功占领了该镇。

按照原定计划，美国军队的机组人员马上就要发起轰炸，但此时驻扎在那里的是英国军队。通过无线电发送消息以取消轰炸的尝试失败了。灾难迫在眉睫——不到30分钟后，该镇的居民和英国军队将受到毁灭性打击。

紧急时刻，美国的信鸽大兵乔被派去送信。它带着人们迫切的希望，从卡尔维韦奇亚镇起飞，以极快的速度飞行，在20分钟内飞了32千米，赶在轰炸机起飞前抵达了美国空军指挥部。倘若它晚到5分钟，炸弹便会无情地落下，造成至少100名军人的无谓伤亡，并给镇上平民带来难以想象的损失。

因其英勇无畏的表现，大兵乔在伦敦塔被授予了迪金勋章。嘉奖令中赞誉道："这只信鸽被认为是第二次世界大战期间飞行表现最杰出的美国军鸽。"它是第一个获得这一勋章的非英国动物。到信鸽不再用于战争通信时，已有32只鸽子获得迪金勋章。

第二次世界大战结束后，大兵乔与另外24只信鸽一起被送往位于新泽西州蒙茅斯堡的美国陆军信鸽服务中心。1957年，美国陆军信鸽服务中心关闭。此后，大兵乔在一家动物园度过了余生，直至1961年以18岁的"高龄"离世。

动物如何辨别方向

许多鸟都有出色的导航本领。科学家认为，鸟儿会利用一些线索进行导航，例如对地球磁场的感知。这使它们能够确定北方在哪里，并利用这些信息来规划飞行路线。鸟儿也可能是在几次迁徙的过程中掌握飞行路线，鸟群中的年轻鸟儿会跟随成年鸟儿一起迁徙，并在此过程中学习。

非洲角马会穿越广袤的草原，前往繁殖地和觅食地，但它们的迁徙路线每年都会变化，这让人们困惑不已。角马或许是通过寻找远方的雨云，并朝着雨云的方向行进，以此来寻找目的地。

黄蜻被誉为漫游滑翔机，因为它们可以远渡重洋。一些黄蜻经常出现在北美洲，但没有人知道它们从哪里来，要到哪里去，也不知道它们是如何知道迁徙路线的。

帝王蝶还没有一颗豆子重，却能进行令人难以置信的长途旅行，每天可以飞行45千米。它们成群结队地向南迁徙，前往温暖的墨西哥或美国加利福尼亚州的森林里过冬。它们可以利用许多线索来导航，包括太阳、磁场和气味。此外，它们可能也会利用像落基山脉这样的地标来确定方向。

鲑鱼一生中大部分时间都生活在大海里，但它们会游到河流中交配产卵，而小鲑鱼会游回大海。研究表明，鲑鱼可以找到通往河流的路，因为它们有一张磁性"地图"，可以感知地球磁场的微小变化。

奇妙的旅程

为了寻找更好的环境或资源，如食物、水源和配偶，动物会踏上一段旅程，这就是迁徙。从翱翔天际的鸟儿到漫游深海的鱼儿，一些动物会经历一生中最为惊人的探险。

漫长的飞行

当一只小小的北极燕鸥破壳而出时，它根本无法想象未来的生活会是什么样子。它将环游世界，去往很多遥远的地方，这些旅程甚至超出了人类的想象。这只小鸟在北极附近的格陵兰岛开始它的生活，很快就会踏上第一次飞往南极洲的旅程。北极燕鸥一生的飞行距离相当于往返月球三次。如果顺风而行，北极燕鸥一天就可以飞行670千米。

奇特的迁徙路线

欧洲鳗鲡的迁徙路线比较奇特。科学家发现，欧洲鳗鲡起初生活在欧洲的河流中，然后顺流而下游到大西洋，再历经5 000千米的长途跋涉，到达北大西洋的马尾藻海。在那里，它们交配，产卵，然后死去。幼鱼要花一年的时间才能游到欧洲的河流中，而它们中的大多数在重返马尾藻海之前就已经夭折。

令人惊讶的是，那些在欧洲的养殖场孵化出来的欧洲鳗鲡，也能找到前往马尾藻海的路。没有人知道它们是如何做到的。

勇敢的海龟

夜幕降临，沉甸甸的夕阳悬挂在半空中，金色的光芒照射在深蓝色的海面上，然后逐渐消失。这是数百只小海龟开始行动的信号。在即将消失的日光或初现的月光指引下，海龟幼崽们朝着波光粼粼的海面展开了一场生死竞赛。然而，当它们奋力穿越沙滩时，不知从哪里冒出来一些鸟、狗和螃蟹，随时准备捕食它们。对这些捕食者来说，一个个小海龟就是美味多汁的"点心"。

最终，一部分小海龟抵达海边。随着海浪一阵阵冲刷着海滩，它们也在泡沫中被抛来抛去。有的小海龟被冲回沙滩，但它们并没有放弃，而是摆好姿势，再次向海里游去。这些幸存的海龟潜入水中，准备在海里度过一生。当雌性海龟发育到可以繁殖时，必须回到曾经孵化它们的海滩。这里将是它们产卵的地方，它们把卵埋在沙子里，使其保持凉爽，并远离捕食者的威胁。

你知道吗

棱皮龟一生中要在大海里漫游几千千米，借助洋流的作用长途迁徙，寻找食物和配偶。有一只棱皮龟在印度尼西亚和美洲之间的迁徙过程中，游了 20 557 千米。

勇敢的红蟹

澳大利亚的圣诞岛上生活着多达 1.2 亿只红蟹。每年 10 月到 12 月之间，它们会离开雨林中的家，前往大海繁殖后代。它们排成直线行进，穿过马路，翻越悬崖，最终到达目的地。

拯救母马

呼吸着一月清晨清冷的空气，农民唐纳德·麦金泰尔走向自家的马厩，他打算查看一下他的 23 匹夏尔马。当他走进马厩之后，心情马上变得沉重起来。

唐纳德看到，体重达 1 吨的母马比阿特丽斯正痛苦地躺在马厩的地上。他知道自己必须帮助它重新站起来，他把妻子简和 4 名农场工人叫到马厩里。可是不管他们怎么努力，都无法将母马扶起来。

比阿特丽斯的困境是由腹部绞痛引起的，如果它一直躺在地上，很可能会出现器官衰竭。6 小时过去了，大家尝试了多种办法，包括用拖拉机和皮带来拉比阿特丽斯，但是它依然一动也不动。比阿特丽斯的体温达到了危险的水平，心率也下降了。唐纳德知道这匹美丽的母马快要死了，决定让它平静地度过最后的时光。

公马博是比阿特丽斯的同伴，它一直待在自己的马厩里，目睹了人们的努力。唐纳德将博牵到比阿特丽斯身边，希望它们能做个告别。然而，博却开始轻轻啃咬比阿特丽斯的脖子和耳朵。接着，博用牙齿咬住比阿特丽斯的缰绳，将比阿特丽斯的前半身抬起来。最后，在人们的帮助下，浑身颤抖的比阿特丽斯终于缓缓站了起来。

多亏了博的坚持和决心，比阿特丽斯完全康复了。一个月后，唐纳德发现比阿特丽斯怀孕了。2018 年 3 月，比阿特丽斯生下了一头健康的小马驹。

勇敢的马

受伤的马

1982年，英国伦敦发生了一起悲剧。当时，16名士兵骑着马去参加卫兵换班仪式，一枚被人提前安置的炸弹爆炸了。这场灾难导致4名士兵和7匹马不幸丧生，其余9匹马也都受伤了，其中包括一匹名为塞夫顿的大黑马。塞夫顿于1963年出生在爱尔兰，因勇敢且偶尔固执的性格而出名。它的脸上有一道独特的白斑，4个蹄子也是白色的。

灾难发生后，人们纷纷伸出援手，救助受伤的士兵，照料那些受伤的马匹。塞夫顿伤势严重，一名好心人用自己的衬衫紧紧捂住它脖子上的伤口，随后它被迅速送往医院，接受了长达8小时的抢救。

在治疗过程中，塞夫顿与另一匹同样受伤的马——艾可相互扶持，共同康复，结下了深厚的友谊。艾可最终退役，而塞夫顿则很快重返岗位，被誉为"英雄"。多年以后，塞夫顿也光荣退役，于1993年安详离世。

驱狗的马

马能够与人类建立深厚的情感纽带，因为它们是群居动物，经常把人类视为其群体的一部分。2008年，在路易斯安那州的一次节日游行中，这种纽带的力量得到彰显。

当时，克洛伊-简·温德尔和她的妹妹克里斯汀正骑着马参加游行。突然，一只斗牛犬从人群中跑出来，袭击了克里斯汀的马——安吉尔。安吉尔抬起后腿踢了过去，克里斯汀赶紧跳下马，以免被甩下来，而斗牛犬却转而对她发起了攻击。

克洛伊迅速从马背上跳下来去救她的妹妹。克洛伊的马名为阳光男孩，它勇敢地控制住了混乱的局面。它无所畏惧地站到女孩们前面，用力去踢那只斗牛犬，成功地把它赶走了。这条肇事的斗牛犬后来被抓住了。对于两姐妹来说，毫无疑问是阳光男孩把她们从致命的袭击中救了出来。

斗牛的马

农民们都知道，牛是具有潜在危险性的动物。当牛受到惊吓时，可能会对威胁到它们的人或狗发起攻击。

在苏格兰的一个农场里，奶农菲奥娜·博伊德正在照顾一头小牛。小牛的妈妈误以为自己的孩子受到了威胁，就袭击了菲奥娜，把她推倒在地。这头母牛气势汹汹地站在菲奥娜身边。每次菲奥娜想要站起来，都会被它撞倒在地。稍有不慎，菲奥娜就可能遭到母牛的致命伤害，所以她将身体蜷缩起来，尽力保护自己。

菲奥娜深知此刻逃跑无望，只能惊恐地躺在地上。突然，那头母牛开始后退。原来菲奥娜的栗色阿拉伯母马克丽·戈尔德看到了发生的一切，它发出响亮的嘶鸣声，打着响鼻，飞奔到母牛跟前，开始踢母牛，母牛这才退了回去。在克丽的掩护下，菲奥娜死里逃生。她给正在附近田里的丈夫打了电话，他开车将菲奥娜送到了医院。幸运的是，菲奥娜只是身上有了几处瘀青和擦伤。

自那以后，克丽仿佛成了菲奥娜的贴身保镖。每当菲奥娜去查看她的奶牛时，克丽都会跟着她。而自从那次意外发生后，那些奶牛就有点害怕克丽，总是和它保持着安全距离。

马的秘密

野马何时被驯化

在遥远的史前时期，人类就已经开始将野马作为食物来源。公元前3000年左右，野马开始被驯化。最早养马的人可能是中亚的波泰人，他们不仅将马作为坐骑，还享用马奶与马肉。

战马最早出现于何时

早在4500年前，苏美尔人就已经开始用驴拉战车。到了公元前1600年，他们开始用马代替驴。考古学家发现了一本创作于公元前1350年左右的手册，其内容是如何训练用于拉战车的马。后来，士兵开始骑马作战，马也因此常出现于希腊、罗马等古国的军队中。到了中世纪，骑兵成为亚洲和欧洲战场上的重要力量。

有多少不同种类的马

世界上的马有数百种，主要分为以下三类：

1. 冷血马：体形庞大，身强力壮，尤其擅长搬运重物。在中世纪，它们用来驮载身披沉重铠甲的骑士。

2. 温血马：性情温和，广受欢迎，可以在经过训练后参与体育运动，也是很好的宠物。大多数温血马品种是欧洲人培育出来的。

3. 热血马：跑得很快，特别活泼，活力十足，包括阿拉伯马和纯血马等，其中阿拉伯马被认为是世界上最古老的品种之一。

会跳伞的小狗

　　狗因其勇敢、忠诚及活力等特质而著称，但这些仅是它们众多优良品质中的一部分。这些品质也出现在一只名叫斯莫基的约克夏梗犬身上，屡次使它化险为夷。这只小狗身材娇小，性格也很讨人喜欢，而它也很好地利用了这一优势。

　　斯莫基不可思议的故事始于 1944 年。一些美国士兵在新几内亚的热带岛屿上发现了它，当时它正躲在公路附近的一个散兵坑里，不远处就是茂密的雨林。这样一个地方竟然出现了一只如此可爱的玩赏犬，实在出人意料。没有人知道它是如何到那里的。它显然是迷路了，饥肠辘辘，毛发也乱糟糟的。士兵比尔·韦恩收养了它。

　　在比尔的关爱和呵护下，斯莫基很快成为一只活泼可爱的宠物。它睡在比尔的帐篷里，分享比尔的口粮，甚至在比尔执行战斗任务时，也蹲坐在他的背包里。当时他们常常遭遇空袭和飓风，斯莫基却幸运地存活下来。比尔声称，斯莫基甚至救过他的命，有一次他在运输船上执行任务，斯莫基通过吠叫提醒他有炮弹来袭。

　　斯莫基非常聪明，需要不断有新的刺激，所以比尔教它学习了一些特别的技能。它学会了骑滑板车、走钢索，甚至还学会了跳伞。它曾七次利用小型降落伞从飞机上成功跳下。在最后一次跳伞过程中，当它正在下落时，风突然减弱了，小型降落伞随之塌陷了。斯莫基被远远吹离了预定降落点，尽管它最终安全着陆了，比尔还是觉得不能再让它冒险了。

　　比尔曾经患上登革热（一种致命的热带疾病），被送往医院接受治疗。朋友们带着斯莫基去看望他，它很快就赢得了医护人员的喜欢，被允许和受伤的士兵们待在一起。它顽皮活泼的性格对士兵们的康复产生了十分积极的影响。他们开心地看着它在病房里跑来跑去，追逐巨大的鸟翼凤蝶。

　　斯莫基不仅给比尔和他的同伴们带来了欢乐，还为军队做出了直接的贡献，真正证明了自己的价值。当时，盟军正在建造一个新机场，工程师们需要通过一条已有的管道来铺设通往机场的电报线。问题是这条管道虽然有 20 多米长，但只有 20 厘米宽，且多处被泥土堵塞。显然，放弃这条管道，新挖一条壕沟是个不错的解决方案。然而，挖掘壕沟将耗时 3 天，这意味着机场的军队在这 3 天里无法及时掌握敌机的动向，很可能随时遭受轰炸。

　　比尔有了一个主意：他把电线系在斯莫基的项圈上，让它穿过管道。在比尔温柔的劝诱下，斯莫基飞快地穿过管道，只用了几分钟就成功铺设了电报线。人们认为，斯莫基在那一天可能挽救了多达 250 人的生命和 40 架飞机。

　　战争结束后，斯莫基继续去医院看望伤兵，帮助他们恢复身心健康。它于 1955 年退役，两年后在睡梦中安详地去世。

人类最好的朋友

众所周知，作为宠物的动物可以给人们提供爱、陪伴和友谊。有些动物更是超越了普通宠物的角色，成为专业的抚慰者。

丹·麦克马纳斯患有焦虑症，他的狗正在帮助他缓解焦虑。这条狗名叫影子，是一只澳大利亚牧牛犬。丹喜欢滑翔，每一次影子都要跟着他一起去，有时甚至会咬住他的靴子，不让他飞到空中。后来，丹给影子做了一套特殊的背带，这样影子就可以和他一起去滑翔了。

科什卡原本是一只流浪猫，后来成为在阿富汗服役的美国士兵杰西的好伙伴。杰西曾经历过一段黑暗的日子，身边的战友相继遇难，杰西一直在承受战争带来的心理压力。科什卡仿佛总能洞悉杰西的需求，给予他额外的关爱与陪伴。杰西说，科什卡曾经救了他的命。为了回报这位动物朋友，他将科什卡送到了美国，现在科什卡和杰西的父母生活在一起。

威洛和温妮是两匹可爱的迷你马。作为抚慰动物，它们经常去疗养院、医院和残疾人之家看望患者。它们体形较小，和一只大狗差不多，所以能够轻松地在室内穿梭。人们总是乐于亲近并抚摸它们，从而缓解焦虑和痛苦。

狗和猫是最常见的抚慰动物，
但有人会从其他动物那里得到抚慰，
包括雪貂、山羊、猪和老鼠。

卢卡是一条搜爆犬，它出生在荷兰，在美国海军陆战队接受过专门训练，擅长用嗅觉搜寻爆炸物。卢卡在伊拉克和阿富汗执行了 400 多项任务，避免了不少悲剧的发生。在 2012 年的一次任务中，卢卡发现了一个巨大的简易爆炸装置。在它继续寻找其他爆炸装置时，有一个装置突然爆炸了。卢卡在爆炸中失去了一条腿，并被严重烧伤。卢卡不得不退役，但是它以其"英勇无畏和忠于职守"而获得一枚勋章。

军犬的故事

伊尔玛是伦敦的一条搜救犬，在第二次世界大战期间，它的任务是寻找炸弹袭击后被埋在废墟下的幸存者。伊尔玛不懈努力，成功挽救了数百人的生命，其中包括两名被困在倒塌房屋下的小女孩。在她们获救之前，伊尔玛一直守在现场，不肯离去。

在第二次世界大战期间，军犬巴姆斯随挪威军队在海上服役。有一次，它勇敢地救起了一名落水的船员，将其安全拖回岸边。

在第二次世界大战期间，阿尔萨斯犬雷克斯和索恩表现得特别勇敢。尽管对火有着天然的恐惧，但它们依然勇敢地闯入熊熊燃烧的建筑物，帮助消防员找到被困在里面的人。它们冒着令人窒息的烟雾和火焰，拯救了许多人的生命。

在第二次世界大战期间，许多士兵被关押在日本战俘营。在其中一个战俘营里，有一只名叫朱迪的英国指示犬，它曾在一艘英国皇家海军的战舰上生活，后来这艘战舰被炸毁了。它和战俘们生活在一起，每当看守殴打狱友时，它总是挺身而出，冒着生命危险，冲着看守咆哮。

在第二次世界大战期间，军犬奇普斯在前线作战，曾经到过德国、法国和北非。它最勇敢的一次行动发生在海滩上，当时它和战友们正面临来自敌方机关枪的无情扫射。奇普斯从训导员手里挣脱出来，奔向机关枪掩体，紧紧咬住正在射击的敌方士兵，把他给拖了出来。

斗牛㹴斯塔比曾经在第一次世界大战中服役，它被任命为中士，成为第一只在美国武装部队中获得军衔的狗。

乘坐热气球的动物

1783年9月的一天，包括法国国王路易十六和王后玛丽·安托瓦内特在内的观众聚集在凡尔赛皇宫，共同见证了历史上首次热气球搭载动物的飞行。

在固定绳被割断后，巨大的热气球平稳地飘向空中，围观的人群不禁惊讶地倒吸了一口气。在悬挂于热气球下面的柳条筐里，有一只鸭子、一只鸡和一只名叫蒙特奥西尔的绵羊。它们的这次飞行，注定要被载入航空史。

这个热气球主要是用布料制成的，一家壁纸制造商将其装饰得很漂亮。气球下面的火焰加热气球内部的空气，慢慢地将这个巨大的热气球升向天空。热气球的发明者孟戈菲兄弟十分紧张，他们密切注视着这一切。

热气球被一股轻快的西南风吹着，在空中飘浮了大约8分钟，最后安全地降落在附近的森林里。人们向着热气球降落的地方跑去，高兴地发现鸭子和鸡虽然有点晕头转向，但是并没有受到伤害，绵羊蒙特奥西尔则在翻倒的柳条篮子附近，悠然自得地啃着青草。

国王看到热气球飞行对动物而言并不危险，于是就同意让兄弟俩进行热气球载人试验。仅仅几星期后，他们就开始紧锣密鼓地准备进行首次热气球载人飞行。多亏了首次乘坐热气球的绵羊、鸡和鸭子，人类的航空事业才得以起步。

最早被送入太空的动物是果蝇。1947年，它们乘坐 V-2 火箭从美国起飞，飞行了 108 千米后进入太空，并在降落伞的帮助下安全返回地球。

进入太空的动物

从地球前往太空的旅程充满了未知与危险。在太空探索的初期，人们对于太空旅行对人体可能造成的影响几乎一无所知。因此，科学家选择了动物作为"先行者"，通过它们来测试航天设备，评估人类探索者在太空中的生存可能性。

由于猴和猿都与人类非常相似，它们也成了较早被送入太空的动物。迄今为止，已经有 32 只灵长类动物进入太空，其中较为有名的是猕猴埃布尔和松鼠猴贝克，它们是第一批在太空飞行中幸存下来并返回地球的猴子。它们的太空飞行发生在 1959 年，同年还有一只兔子进入了太空。

在 20 世纪 50 年代，苏联科学家选择了 12 只流浪狗作为他们的动物航天员。1957 年，一只名叫莱卡的狗登上了斯普特尼克 2 号卫星，成为第一个绕地球飞行的动物。不幸的是，它在几小时后就死于高温和压力。1960 年，苏联的斯普特尼克 5 号飞船升空，其中搭载了一群动物乘客，包括 2 只狗、1 只兔子、42 只小白鼠、2 只大白鼠和一些果蝇。

1961年1月，黑猩猩哈姆迈出了历史性的一步，成为第一只进入太空的黑猩猩。这次飞行取得了圆满成功，哈姆安全返回了地球，这为人类太空飞行的发展奠定了重要基础。仅仅3个月后，尤里·加加林就乘坐东方号宇宙飞船绕地球飞行，成为历史上第一个进入太空的人。

20世纪60年代末，美国和苏联展开太空竞赛，看谁能先把人类送上月球。1968年，苏联发射的探测器5号成功进入月球轨道，其中携带有苍蝇、粉虫、植物和2只乌龟。1969年，人类首次登上月球。

安妮塔和阿拉贝拉是最早进入太空的蜘蛛。1973年，它们被送入美国航天局的太空实验室，供科学家研究失重状态对蜘蛛织网技能的影响。

在众多动物航天员中，最引人注目的莫过于水熊虫这种缓步动物了。这些无脊椎动物能够在完全脱水的状态下存活，这意味着它们能够忍受地球上许多极端的环境条件。因此，欧洲空间局的科学家对它们如何应对太空环境中的各种挑战充满了浓厚的兴趣。

2007年，脱水的水熊虫参与了"光子-M3"航天器的航天任务，在近地轨道上待了10天。它们安全返回地球并重新补水。人们发现，水熊虫能够在强宇宙辐射和真空的太空环境中幸存下来，其中一些甚至还能产卵。完全脱水的状态使它们能够承受太阳辐射带来的一些严重影响。

水熊虫是唯一一种可直接暴露在太空环境中并存活下来的动物。

动物明星

几个世纪以来，有许多动物都像明星一样获得了人们的关注。对一些动物来说，成为明星不是某个事件的结果，而是它们的全职工作。

预测比赛结果的章鱼

2010年世界杯期间，章鱼保罗意外走红，它凭借从两个印有参赛国家国旗的盒子中选择贻贝的方式，成功预测了八场比赛的结果。随着赛事的推进，保罗的这项"超能力"引起了全球媒体和球迷的广泛关注。

动物界的演艺明星

林丁丁是一只黑色的德国牧羊犬，它是有史以来最著名的动物演员之一。在第一次世界大战期间，它生活在法国，在一次战斗中，它的狗窝被炸毁，它被美国士兵李·邓肯救了出来。战争结束后，李把林丁丁带回了洛杉矶。李曾经带它参加了一场狗展，林丁丁在那里展示了它的独特才艺。1923年，它第一次在电影中亮相便一炮而红，随后又出演了20多部电影。

愁眉苦脸的网红猫

2012年，一张猫咪照片在网络上迅速传播，让这只猫咪一夜之间成了网红。这只猫原名叫塔妲·索斯，网民称其为不爽猫，因为它看起来似乎很不开心。它频繁出现在电视节目中，并在名为"不爽猫"的电子游戏中担任主角。不爽猫在社交媒体上有数百万粉丝，甚至有自己的系列商品。

在电影拍摄过程中需要使用动物时，制片公司应遵循相关指导原则，确保动物不会受到伤害。安全人员会监管动物要做的工作，并报告它们的福利状况。

大自然的实验室

科学家、工程师及发明家常常从大自然中汲取灵感，以解决人类遇到的一些问题。

泳衣

鲨鱼的皮肤表面覆盖着细小而坚硬的齿状鳞片，这些鳞片的主要成分与人类牙齿相同。它们具有独特的形状和排列方式，可以减少阻力，使鲨鱼游得更快。科学家受此启发，模仿鲨鱼皮的结构，研发出了高性能的泳衣。

子弹头列车

中国和日本的高速列车被称为子弹头列车，其流线型的设计灵感来源于子弹，然而这种列车驶出隧道时产生的巨大噪声却是个难题。工程师们观察到翠鸟在下水捕鱼时产生的水花很小，于是借鉴了翠鸟头部与喙的形状，对子弹头列车进行了重新设计。结果证明，新设计的列车不仅更符合空气动力学原理，而且噪声问题也迎刃而解。

彩色显示屏

蝴蝶的翅膀色彩斑斓，这是翅膀上微小鳞片的颜色与脊状结构共同作用的结果。这种结构能够反射和折射光线，产生出绚烂的虹色光泽。科学家希望能够模拟这种色彩与结构的组合，开发出比现有技术更加节能的彩色显示屏。

风力涡轮机

座头鲸是海洋里的游泳健将，它们的鳍上有不少奇怪的凸起。科学家发现，这些凸起使鲸鱼能够自如地转弯，并灵活地操纵其巨大的身体。科学家在风力涡轮机的叶片上添加了类似的凸起，结果发现这不仅能够提高涡轮机的效率，还能有效降低噪声。

回到非洲的宠物狮

约翰·兰德尔和埃斯·伯克是一对好朋友，他们已经有一年没有见到他们共同的好朋友了。这位好朋友是一头名为克里斯蒂安的狮子。为了再次见到它，他们不远千里来到非洲，心中却难免忐忑，生怕这次远行会徒劳无功。

在具有传奇色彩的狮子专家乔治·亚当森的陪同下，这两位来自澳大利亚的年轻人开始在干燥的非洲大地上，寻找这头与众不同的狮子。他们徒步寻找了几小时，却迟迟不见克里斯蒂安的身影。虽然他们感到有点失望，但他们知道这头年轻的雄狮正在这里自由自在地生活着，而这才是它应有的生活状态。

就在他们失望之时，一个金黄色的身影向他们冲了过来，那正是他们心心念念的克里斯蒂安。约翰和埃斯没有退缩，也没有躲闪，而是微笑着张开了双臂。克里斯蒂安扑向他俩，与他们热情相拥。三个最好的朋友终于团聚了！

1969 年，两人和克里斯蒂安初次相遇，当时它还是一只小小的幼崽，正在伦敦著名的哈罗德百货公司里等待出售。现在世界各国都禁止私人捕猎和饲养狮子，不过在几十年前，不少国家允许将狮子等野生动物当作宠物来饲养，哈罗德百货公司宠物部经常将一些珍稀动物当宠物出售，只要购买者能证明自己可以照顾好这些动物就行。

约翰和埃斯一见到克里斯蒂安，就被它深深吸引，决定将它买下来。当时他俩在同一家家具店工作，并且都住在家具店楼上的公寓里。

为了给克里斯蒂安足够的空间玩耍、躲藏和奔跑，他们把它安置在了家具店宽敞的地下室里。每天，他们都会带着克里斯蒂安去公园锻炼，让它练习追逐和猛扑的技能。

像所有的幼崽一样，克里斯蒂安长得很快，约翰和埃斯开始为它的未来担忧。虽然他们现在和这头狮子在一起很安全，但他们知道克里斯蒂安很快就会强大到让他们无法招架。显然，伦敦并非狮子的理想栖息地，但他们也不愿意把克里斯蒂安送进动物园。

有一天，电影演员比尔·特拉弗斯和弗吉尼亚·麦肯纳来到这家家具店。他们曾主演了一部非常成功的电影《生而自由》，这部电影讲述了野生动物专家乔治·亚当森和乔伊·亚当森将一头名叫爱尔莎的雌狮送回野外的故事。约翰和埃斯向两位演员介绍了克里斯蒂安的情况，并征求他们的意见。很快他们就达成共识，认为应该把克里斯蒂安送回到非洲，乔治可以帮助它适应野外捕食的生活。

1970 年，克里斯蒂安来到乔治在肯尼亚建立的狮子保护区。约翰和埃斯怀着沉重的心情与它道别，心中万分不舍，但他们也明白，这是让克里斯蒂安重返野外的好机会。虽然困难重重，将克里斯蒂安放归野外的实验还是取得了巨大的成功。它开始自己捕猎，后来还找到了一个伴侣，并建立了属于自己的狮群。

约翰和埃斯与克里斯蒂安总共重逢了两次，他们的第二次重逢是在 1973 年，从此它就消失在肯尼亚的荒野深处。2006 年，一段讲述两人与克里斯蒂安快乐团聚的老视频重新进入人们的视野，竟然获得了超过 1 亿的播放量。这段视频展示了人与狮子之间的特殊情谊，激励着自然保护主义者更加努力地将圈养动物放归野外。

狮群

狮子是唯一一种喜欢群居的猫科动物。与大多数猫科动物不同，成年的雄狮和雌狮在外貌上存在显著差异：雄狮体形魁梧，头部及颈部环绕着浓密的鬃毛，显得威风凛凛。

每个狮群都是一个强大的家庭单位，通常由一头或多头成熟的雄狮、最多六头雌狮及其幼崽组成。雄狮会保护自己的狮群不受其他狮群的伤害，也是所有幼崽的父亲。如果一头年轻的雄狮成功地挑战了狮群首领并取而代之，它可能会杀死所有的幼崽，这样它就可以迅速与雌狮建立繁殖关系。

雌狮是十分高明的猎手，它们擅长团队合作，共同搜寻、追逐并捕获猎物。它们具有相互沟通和协调攻击的技巧，能够猎杀体形比自己大的猎物。

当雌狮外出捕猎时，雄狮负责照顾幼狮。小狮子喜欢打闹，这是学习如何捕猎的重要内容。如果幼狮过于吵闹，狮子爸爸可能会用毛茸茸的大爪子轻轻地教训它们。

狮子主要栖息于非洲的辽阔草原上，然而，在印度吉尔地区的茂密森林中，也生活着一种珍稀的狮子——亚洲狮。目前，野生亚洲狮的数量已锐减至仅350头左右，成了地球上最为濒危的动物之一。

非洲狮在至少26个曾经繁盛的国家里已经灭绝。

狮子概况
大小：体长达 2.5 米
分布：非洲和亚洲
生境：森林和草原
食物：动物，包括斑马和羚羊

自由生活

狮子爱尔莎

著名的野生动物保护专家乔治·亚当森曾经做过狩猎管理员，这份工作让他经历过不少惊心动魄的时刻。那是1956年，乔治在肯尼亚北部边境地区当狩猎管理员，那里的野生动物随时可能会向他发起致命攻击。

有一天，一头雌狮从灌木丛里跳出来攻击乔治。出于自卫，乔治开枪击毙了雌狮。后来他才意识到这头雌狮之所以攻击他，只是因为他离雌狮藏幼崽的岩石裂缝太近了。它只是想保护自己的孩子，却付出了生命的代价。

意外发生之后，乔治和妻子乔伊一起，把雌狮的三只幼崽带回家。他们将其中两只送到了动物园，决定将另外一头小雌狮放归野外，他们为其取名爱尔莎，亲自抚养它，并教它如何成为一头真正的狮子，让它掌握捕猎技巧。

这对夫妻的努力取得了成功，爱尔莎成为第一头成功回归野外的狮子，后来还产下了一窝幼崽。爱尔莎于1961年因病去世，去世时还将头枕在乔治的腿上。

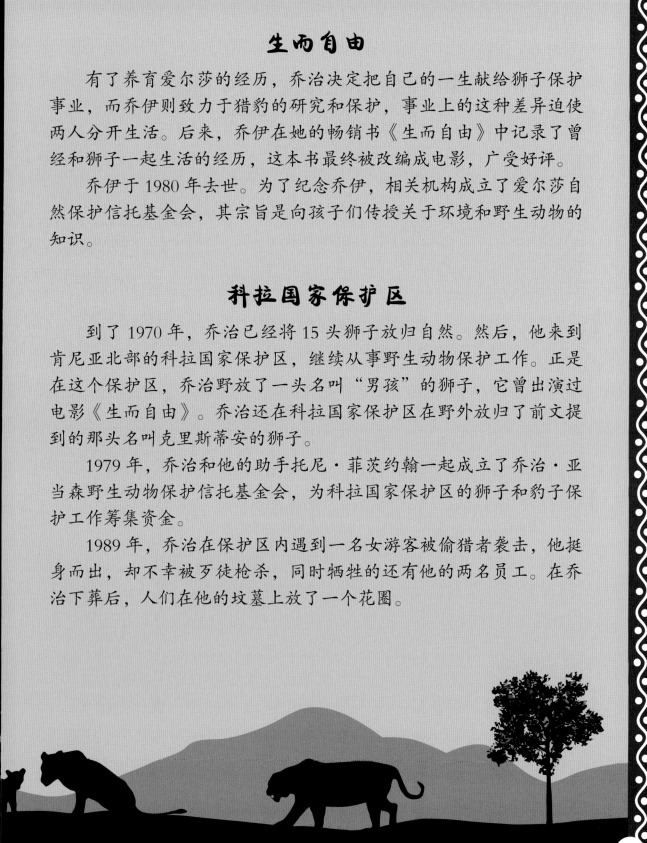

生而自由

有了养育爱尔莎的经历，乔治决定把自己的一生献给狮子保护事业，而乔伊则致力于猎豹的研究和保护，事业上的这种差异迫使两人分开生活。后来，乔伊在她的畅销书《生而自由》中记录了曾经和狮子一起生活的经历，这本书最终被改编成电影，广受好评。

乔伊于1980年去世。为了纪念乔伊，相关机构成立了爱尔莎自然保护信托基金会，其宗旨是向孩子们传授关于环境和野生动物的知识。

科拉国家保护区

到了1970年，乔治已经将15头狮子放归自然。然后，他来到肯尼亚北部的科拉国家保护区，继续从事野生动物保护工作。正是在这个保护区，乔治野放了一头名叫"男孩"的狮子，它曾出演过电影《生而自由》。乔治还在科拉国家保护区在野外放归了前文提到的那头名叫克里斯蒂安的狮子。

1979年，乔治和他的助手托尼·菲茨约翰一起成立了乔治·亚当森野生动物保护信托基金会，为科拉国家保护区的狮子和豹子保护工作筹集资金。

1989年，乔治在保护区内遇到一名女游客被偷猎者袭击，他挺身而出，却不幸被歹徒枪杀，同时牺牲的还有他的两名员工。在乔治下葬后，人们在他的坟墓上放了一个花圈。

男孩和小企鹅

　　在乌拉圭一片静谧的海滩上，一只小企鹅无助地躺着，挣扎着摆动其鳍状肢，却因浑身沾满油污而动弹不得，连呼吸都变得艰难。在它周围有数百只企鹅的尸体，它们都死于石油泄漏导致的海洋污染。

　　这只小企鹅是幸运的，它遇到了一位名叫汤姆·米歇尔的年轻英语老师。当时他正在海滩附近度假，在散步时看到了这可怕的景象。他看到一堆尸体之间有小小的动静，发现了这只企鹅，把它抱在怀里，带回朋友的公寓，在那里为它清洗。

　　汤姆给这只劫后余生的企鹅起名为胡安·萨尔瓦多。经过一番努力，胡安身上的油污终于被清除，它看起来恢复了活力。汤姆试图引导胡安重返大海，它却多次拒绝了。它似乎更愿意陪伴在汤姆身边，常常从海滩一路尾随至家中。

　　随着汤姆假期的结束，他不得不做出决定，将胡安带回阿根廷。在他工作的寄宿学校里，胡安很受男孩们的欢迎，他们喜欢和它一起在运动场上玩耍，轮流喂鱼给它吃。其中，13岁的迭戈对照顾胡安尤为热心。迭戈是个内向的孩子，非常想家，几乎没有朋友，在学习方面也很吃力。

　　有一天，汤姆得知学校游泳池的水要换了，于是决定让小企鹅胡安先去那里游一下。如果胡安把水弄脏了，那也没什么关系；如果它拒绝离开，那么在水池排干之后也可以把它弄出来。这是胡安离开海洋后第一次下水游泳，一开始它不太想把

脚弄湿。在迭戈和汤姆鼓励下，胡安跳进泳池里。在男孩们的欢呼声中，它很快就开始欢快地游了起来。

迭戈站在游泳池边，悄悄地问汤姆能不能和胡安一起游。未等汤姆应答，迭戈就迫不及待地跃入水中，和胡安一起游了起来。胡安在迭戈身边像跳舞一样游着，以8字形轨迹在水中"飞行"。男孩和企鹅一起表演了一场精彩纷呈的水下杂技，让汤姆和其他男孩惊叹不已。迭戈与胡安如同舞者般默契配合，展现出惊人的技巧与速度。

从那以后，迭戈就像变了一个人。他开始敞开心扉，向别人分享自己的生活经历和日常心情。他告诉汤姆，他的父亲曾教他在河里游泳。后来，迭戈不仅结交了新朋友，学业也有所进步。在学校的游泳比赛中，迭戈展现出了非凡的游泳天赋，赢了所参加的每一场比赛，还打破了多项学校游泳纪录。

迭戈成为学校里的英雄人物，但他深知，真正的英雄是那位长着羽毛的朋友——胡安。是胡安的出现，点亮了他心中的光芒，引领他走向更加灿烂的人生道路。

帝企鹅如何养育后代

动物界最勇敢的父亲

帝企鹅爸爸堪称动物界最勇敢的父亲。在南极洲那漫长而严酷的冬季，为了抚养孩子，它不得不与肆虐的暴雪、狂野的寒风以及极度的饥饿进行顽强的抗争。

帝企鹅会筑巢吗

南极洲几乎没有植物，所以帝企鹅无法像其他鸟类那样筑巢。在帝企鹅妈妈产卵之后，帝企鹅爸爸会轻轻地把卵滚到脚面上，用一层皮肤把卵包裹起来，即使气温低于零下35摄氏度，卵仍然保持温暖。有些种类的企鹅会用石头筑巢。

帝企鹅妈妈去哪儿了

每年6月初，帝企鹅妈妈都会离开企鹅群，前往开阔的海洋寻找食物。它们狼吞虎咽地吃鱼，把自己养得肥肥胖胖的。在此期间，帝企鹅爸爸留下来孵卵，将近两个月吃不到东西。

帝企鹅爸爸如何度过育雏期

南极洲是地球上最寒冷的地方。在独自养育孩子期间，帝企鹅爸爸不断消耗体内的脂肪，在暴风雪中抱团取暖，这样有助于它们忍受长时间的饥饿和极端天气条件。到了7月下旬，帝企鹅妈妈会返回群体，通过叫声来找到自己的伴侣。

谁来照顾小帝企鹅

在帝企鹅的雏鸟孵化出来之后，父母双方共同承担起照顾雏鸟的责任。它们从海里觅食归来后，把食物反刍到嘴里，然后喂给雏鸟。到了12月，小帝企鹅已经长得和父母一样高了，很快就可以奔向大海。

企鹅的生活

　　企鹅是一种极为独特的鸟类，它们的翅膀演化得如同鱼鳍一般，使它们能在水中迅速穿梭。为了适应寒冷的环境，企鹅披上了浓密的羽毛，并积累了厚厚的脂肪层来保持体温。绝大多数企鹅的家园位于南半球，其中大多数栖息在南极洲及其周边的南大洋中。

团队协作

　　企鹅生活在很大的群体中，筑巢时通常会彼此靠近，并一起捕食。例如，非洲企鹅在觅食时会集结成群，将鱼儿驱赶到一处，直至形成紧凑的鱼球。这种合作捕食的方式，其成功率是单独行动的两倍多。

游泳健将

　　企鹅的体形宛如鱼雷，腿部短小精悍。这样的体形让它们在陆地上行走时显得步履蹒跚，但是能让它们在水中以惊人的速度前进。世界上游得最快的企鹅是巴布亚企鹅，最高时速可达 36 千米。

深潜能力

　　企鹅在水下觅食的能力令人称奇，一次潜水可以持续长达 20 分钟。对于依赖嘴和鼻子呼吸空气的鸟类来说，这无疑是相当了不起的能力。有些企鹅在搜寻食物时，可以潜入水下 400 米深处甚至更深的地方。

企鹅概况

大小：平均身高约 1.1 米

食物：鱼、鱿鱼、磷虾、水母

种数：18

面临危机的海洋

海洋覆盖了地球表面的 70%，是野生动物最为广阔的栖息地，同时也是维持地球气候稳定和生态系统平衡的关键要素。海洋的重要性不言而喻，近年来人类却未能给予其应有的尊重与保护。如今，海洋正面临着前所未有的危机。

塑料污染

据估计，每分钟都有相当于一辆中型垃圾车的塑料垃圾进入海洋。更令人担忧的是，到 2050 年，海洋中塑料的重量预计将超过鱼类。

全球变暖

化石燃料的大量使用导致温室气体排放量激增，阻止了热量从大气层中逸出，进而引发全球变暖。这会影响到地球上所有的生物，海洋生物面临的风险尤其大，因为全球变暖可能引起海平面上升，海水酸化问题也会日益突出。

过度捕捞

过度捕捞导致鱼类数量急剧减少，一些物种，如北大西洋鳕鱼和蓝鳍金枪鱼，更是濒临灭绝的边缘。

化学污染

人们生产和生活过程中排放的一些化学物质进入河流，最终汇入海洋。这些污染物中包含许多致命的重金属和其他有毒有害的化学物质，对海洋生物构成了巨大威胁。

珊瑚礁受到威胁

珊瑚礁是一种叫作珊瑚虫的小动物建造的。珊瑚虫需要干净、阳光充足的海水才能生存，近年来却因海水变暖和化学污染而大量死亡。

如果珊瑚虫大量死亡，数以百万计的珊瑚礁动物也可能遭遇灭顶之灾，其中包括一些珍贵的动物，如海龟、鲨鱼、儒艮和鲸鲨。

大堡礁是不少海洋动物的家园，其中有 400 种珊瑚，还有 5 000 多种软体动物和 1500 种鱼类，以及 200 种鸟类、30 种鲸类和 6 种海龟。

出人意料的动物英雄

一提起动物界的英雄，人们首先想到的是看起来威风凛凛的狗，或鬃毛飘逸的狮子。然而，评判一个动物是否能成为英雄，绝不能仅凭其外表是否美观或讨喜。

老鼠

纵观人类历史，老鼠常常被视作传播疾病和寄生虫的有害动物。它们出没于食品店和下水道，面目可憎，令人生厌。然而，它们有时也能发挥特殊作用。凭借其敏锐的嗅觉，在莫桑比克等地，经过专门训练的老鼠可以用来探测地雷。在世界范围内，地雷平均每个月会造成800人死亡，1 200人受伤。因此，探测地雷的技能使老鼠成为名副其实的英雄。

老鹰

鸽子和海鸥会对建筑物造成破坏，还会干扰体育赛事，所以有时得用猛禽来吓跑它们。在全英草地网球锦标赛中，因鸟儿停在球场上吃草籽而导致比赛暂停的情况时有发生。近年来，一只名叫鲁弗斯的老鹰一直在帮助人们解决这个问题。

蜜蜂

许多植物得依靠昆虫授粉，才能结出更多的种子，因此授粉对维持生态平衡至关重要，而蜜蜂是最常见的重要授粉者。此外，它们还会制造蜂蜜和蜂蜡。

蛞蝓和蜗牛

在大多数人心目中，黏糊糊的蛞蝓和蜗牛可能不是英雄，但是如果没有它们和其他无脊椎动物，比如蠕虫，我们的世界将被齐膝深的枯枝败叶和动物尸体所淹没。虫子和其他小型动物有助于保持地球的健康，它们可以分解或吞食动植物的遗体，将有机物转化为肥沃的土壤，为植物提供养分。

蜣螂

蜣螂把粪便团成一个球，然后在里面产卵。幼虫孵化出来以后，会以粪便为食。蜣螂是许多以粪便为食的动物之一，它们让地球变得更加清洁。

尘螨

尘螨是蜘蛛的亲戚，也有八条腿。它们生活在我们周围，甚至在我们身上。我们的皮肤每天都在更新，尘螨则以脱落的皮肤碎屑为食，使我们避免了在皮屑中打滚的尴尬。

蚊子

雌蚊会在世界上部分地区传播致命疾病，但是雄蚊正在对限制雌蚊的危害做贡献。科学家培育出与雌蚊交配的"不育雄蚊"，有效减少了蚊子数量，从而遏制了疟疾和登革热等疾病的传播。

奶牛

奶牛帮助人类消灭了一种叫作天花的传染病。许多感染天花的人会失明、留下疤痕甚至死亡，尤其是儿童。18世纪，英国科学家爱德华·詹纳发现，奶牛传染病牛痘与人类传染病天花非常相似。于是，詹纳发明了人类历史上第一种疫苗——牛痘疫苗，人体在注射这种疫苗后可以对天花产生免疫力。多亏了詹纳和奶牛，全世界数以亿计的生命才得以拯救。

图书在版编目（CIP）数据

超级动物英雄 / （英）卡米拉·德·拉·贝杜瓦耶
（Camilla de la Bedoyere）著；马百亮译. -- 上海 ：
上海科学技术出版社，2025. 1. -- ISBN 978-7-5478
-6943-7

Ⅰ. Q95-49

中国国家版本馆CIP数据核字第202417CN70号

First published in English under the title: Animal Super Heroes
Written by Camilla de la Bedoyere
Illustrated by David Dean
Foreword by Dr Jess French
Edited by Lauren Farnsworth
Designed by Janene Spencer
Cover design by Angie Allison
Illustrations and layouts © Buster Books 2019
With additional illustrations from Shutterstock

上海市版权局著作权合同登记号　图字：09-2024-0328 号

超级动物英雄

[英] 卡米拉·德·拉·贝杜瓦耶（Camilla de la Bedoyere）　著
[英] 大卫·迪恩（David Dean）　绘
马百亮　译

上海世纪出版(集团)有限公司 出版、发行
上 海 科 学 技 术 出 版 社
（上海市闵行区号景路 159 弄 A 座 9F-10F）
邮政编码 201101　www.sstp.cn
上海盛通时代印刷有限公司印刷
开本 787×1092　1/16　印张 7.75
字数：60 千字
2025 年 1 月第 1 版　　2025 年 1 月第 1 次印刷
ISBN 978-7-5478-6943-7/N·291
定价：79.90 元